幸福，
是一种心灵的香味

武彤芳·著

图书在版编目（CIP）数据

幸福，是一种心灵的香味 / 武彤芳著. —北京：
企业管理出版社，2017.11
　ISBN 978-7-5164-1601-3

Ⅰ.①幸… Ⅱ.①武… Ⅲ.①幸福—通俗读物
Ⅳ.①B82-49

中国版本图书馆CIP数据核字（2017）第249949号

书　　名：	幸福，是一种心灵的香味
作　　者：	武彤芳
责任编辑：	张　羿
书　　号：	ISBN 978-7-5164-1601-3
出版发行：	企业管理出版社
地　　址：	北京市海淀区紫竹院南路17号　邮编：100048
网　　址：	http://www.emph.cn
电　　话：	编辑部（010）68701292　发行部（010）68701816
电子信箱：	80147@sina.com
印　　刷：	北京宝昌彩色印刷有限公司
经　　销：	新华书店
规　　格：	160毫米×230毫米　16开本　13.5印张　162千字
版　　次：	2017年11月第1版　2017年11月第1次印刷
定　　价：	39.80元

版权所有　翻印必究·印装错误　负责调换

前言

　　当你看到这段文字的时候,首先我要感谢你并祝贺你,感谢你能打开这本书,祝贺你一定能够有所收获,领悟到一些有益于自己的知识。现在,你要做好准备,进入一段心灵滋养升华的旅程。

　　心灵是什么?在探讨这个问题前,我们先分享一个故事。夏天中午42℃的高温,一位清洁工大妈推着垃圾桶向垃圾车走去。走着走着,大妈因为高血糖,人和垃圾桶一起翻倒在地。这时,过来一个年轻漂亮、穿着时髦且看起来很有素养的女孩子,她路过大妈时看了一眼,犹豫了一下便很快走开了。随后,一个穿着校服背着书包的小学生走了过来,在看到大妈跌坐在地上后,问清原因,掏出书包里的水递给大妈,并用最大的力气将垃圾桶扶起。

　　故事中的这两个人,哪一个人的心灵更美呢?相信大家都会认为是小学生。不错,在这个事件中,时髦女孩和小学生相比,后者的心灵更加美更加高尚。然而,这只是我们对心灵最表层的认识和理解,其实心灵还包含更深层次的东西,它不仅能够规范我们的行为,提升我们的道德素养,还能影响到我们自身各方面的健康。本书将由浅入深,与你共同探讨心灵深处更加神秘的东西,让你在看到心灵表面的状态后,还能够感受到心灵的灵性与秘密。

　　此外,从以上这个故事中我们还可以看出,一个人的心灵是否

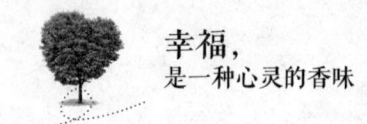

幸福，
是一种心灵的香味

高尚与自身的长相、衣着、年龄、性别没有任何关系，这完全是发自内心的一种能量。那么，什么因素能够影响一个人的心灵修养及健康呢？在书中，我将会详细地介绍升华心灵的方法，相信这些方法能够温暖到你。

接着前面的问题，心灵是什么？

法国文学史上伟大的作家雨果说："世界上最宽阔的东西是海洋，比海洋更宽阔的是天空，比天空更宽阔的是人的心灵。"

俄罗斯小说家、评论家、剧作家和哲学家列夫·托尔斯泰说："心灵纯洁的人，生活充满甜蜜和喜悦。"

英国作家菲·贝利说："心灵是其自身命运的主宰。"

毫无疑问，这些大师们对心灵的观点，对我们来说都具有一定的指导性，同时也说明了心灵修炼对于人类的重要性。

德明纳尔说："改变人的心灵，比征服许多国家更高贵。"那么，我们该如何改变呢？

弗·培根说："经得起各种诱惑和烦恼的考验，才算达到了最完美的心灵健康。"那么，我们该怎么做才能经得起各种诱惑呢？

德谟克利特说："心灵应该习惯于从自身中吸取快乐。"那么，具体该怎么做呢？

也许，你的心中还有很多关于心灵的问题要问我，不要着急，本书可以解决你心中一切关于心灵的问题，帮你升华你的灵性，提升你的智慧，让你成为真正心灵健康的人。

武彤芳

2017 年 7 月于上海

目 录

第一章 生命的法则——看透生命

内心的健康 // 2

生命的力量 // 4

了解生命 // 8

生命是一段刺激的探险过程 // 10

敬畏生命 // 12

丰满短暂的生命 // 15

生命因死亡而珍贵 // 17

第二章 爱的密码——感悟仁爱

爱的世界没有上限 // 22

因为爱，所以有希望 // 24

立即行动起来 // 27

人生路在爱中点亮 // 29

人因大爱而高尚 // 32

心灵因博爱而健康 // 34

解开爱情的枷锁 // 36

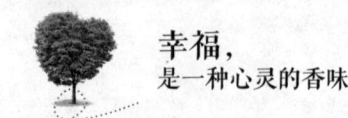

第三章　生活的艺术——生活不止苟且
　　既然生，就要好好活 // 42
　　生活是一种心情 // 44
　　活在当下才是真 // 47
　　做一些必要的冒险 // 50
　　享受生活 // 52
　　幸与不幸常在 // 55
　　健康生活 // 57

第四章　感恩之心——升华灵性
　　感恩是一种能力 // 62
　　因感恩，而感动 // 64
　　感恩与健康 // 67
　　感恩生命中遇到的人 // 70
　　感恩你的父母 // 72
　　感恩升华灵魂 // 75

第五章　梦想之路——心灵的呐喊
　　梦想是心灵的呐喊 // 80
　　梦想是通向心灵的隧道 // 82
　　梦想创造奇迹 // 84
　　不同的选择，不同的人生 // 87
　　追梦需要胆量 // 90
　　每个人都是自己的"神" // 92
　　打开梦想开关 // 95

第六章　智慧之门——净化慧根

真正的智慧 // 100

以定而得慧 // 103

以慧做根基 // 105

修炼内观 // 108

遇见你的"真心" // 111

修炼灵商 // 113

时刻给自己留把钥匙 // 116

大智慧来自于一心一意 // 119

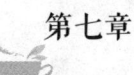

第七章　人生之"观"——正视观念

人生观：用智慧的思想观人生 // 124

世界观：不"观"世界，何谈世界观 // 126

价值观：内心价值观决定做事价值 // 129

信仰观：激发心灵深处的光芒 // 132

道德观：升华你的灵魂 // 134

名利观：客观看待名与利 // 137

发展观：用发展的眼光看事物 // 139

商业观：构建健康的商业思想 // 141

第八章　金钱意识——平衡贪欲

钱只是一种生活工具 // 146

不为金钱而活 // 148

动机决定一切 // 150

财富的真正价值 // 153

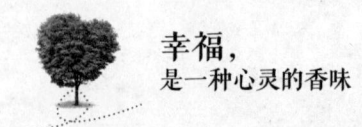

消除金钱带来的痛苦 // 155

寻找真正的财富 // 158

第九章　为"心"环保——保护心灵

认识心灵环保 // 162

人人都需要心灵环保 // 164

心灵环保从"心"开始 // 167

让心永存希望 // 169

及时去除负面情绪 // 172

处世方圆之道 // 174

第十章　自我重塑

自我价值 // 180

人格特质重塑 // 182

情商的修炼 // 185

做你自己的心理医生 // 190

感悟宁静的力量 // 193

第十一章　觉醒的呼唤

唤醒自己 // 198

心神合一 // 200

生命就是觉醒的过程 // 203

觉醒的 9 个要素 // 205

第一章

生命的法则——看透生命

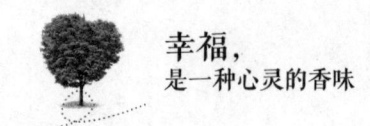

内心的健康

什么样的人内心才是健康的？对于这个问题我曾经做过一些随机调查，有的认为是心态积极的人，有的认为是心中有爱的人，也有的认为是心中豁达的人。积极、爱、豁达等是提升内心健康的元素，但它们并不是衡量一个人心态健康的标准，而只是一种表现形式。一个真正内心健康的人应该懂得平衡，平衡所有那些促进内心健康的要素。

我有一个女性朋友，待人非常热情，即使是陌生人，她也能够与其热情洋溢地聊天。有一次，一位业务员找她谈业务，她热情地接待了这位业务员，在了解了项目之后，感觉不合适，她便婉言拒绝了。

但后来这位业务员三番五次地给她打电话，想说服她同意与其合作。这让我的朋友很困惑，明明自己已经表示了拒绝，为什么对方还要打电话呢？她有些不理解，开始觉得郁闷了，甚至怀疑自己的热情到底是对还是不对。

毫无疑问，她这种热情的心态是正确的，但这并不能决定她整个内心的健康。对于这位朋友而言，她需要将自己的热情与果断糅合在一起，使之保持相对平衡，这样，类似的事情也就不会再发生了。

很多时候，一个人"心"的健康与身体的健康有直接关系，思

第一章
生命的法则——看透生命

想影响着身体的质量，不管你的思想是刻意调整还是自然变化的，有压力的思想都会让身体"堕落"，产生疾病。而美好健康的思想，则会让身体变得更加健康美好。

有些人身体很健康，但状态却像是得了病一样，每天无精打采；有些人身体有病，但状态却像是一个健康人一样，每天精神抖擞。

还有一种人，身体有病，但他不知道，每天依然像健康人一样生活，直到有一天在医院检查得知自己有病，身体便忽然转换到了疾病状态。试想一下，如果当时他不去医院检查，一直认为自己是健康的，那么，其身体的疾病状态可能就不会很快出现。

这就是另一种意义上的健康与疾病，它们与一个人的"心"有着很大的关系。一个人的"心"不健康会通过身体表现出来。

我曾经看过一部关于医学方面的电影，讲的是一个医生利用人们的恐惧心理而杀人的故事。过程大概是这样的：

首先，该医生给对方服用一种药物，使对方四肢无法动弹但意识清醒地躺在床上。这种药物对身体没有任何伤害，也不会残留在体内。

其次，该医生将对方的胳膊放到床边上，又拿来一个漏水的水壶和盆子，让漏出来的水一滴一滴地流在盆里，发出滴水声。

最后，医生会在对方的耳边说一些"我已经将你的血管划开，你的血会慢慢地流光……"之类的恐怖话语。

第二天，对方便会死去。警察勘查了现场之后，找不到任何线索，完全搞不明白对方是怎么死的，最后给出的结论是——人是被吓死的。那么问题来了，一个人好好地躺在床上，怎么会无缘无故地被吓死呢？

这就是心理作用的力量，它不仅会让一个人变得不健康，甚至有时候会夺走一个人的生命。当然，影视剧大多是杜撰出来的，为

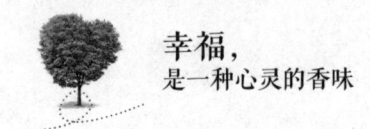
幸福，
是一种心灵的香味

了体现视觉观感，会有一些夸张虚构。但从医学的角度讲，这样的事情极有可能发生。

现实中，不少人每天生活在恐惧和焦虑中，这些都是"心"有病的人，他们心中的焦虑和恐惧会很快破坏人的神经系统，腐蚀身体中的锐气，从而减弱对疾病的抵抗力，致使疾病的产生。而一个人的内心如果是坚强、纯洁、快乐的，那么他一定是充满活力和魅力的，在我们身边有很多这样的人，他们总能够给我们带来积极的思想。

其实，身体就是一张可以任意变形的脸，它会随着个人思想的变化而做出不同的反应。这种反应可能是积极的，也可能是消极的，完全取决于个人的思想。

积极健康的"心"会带来健康的生活和身体，消极病态的"心"会带来糟糕的生活和不健康的身体。一个人生活中的心态来自于思想的变化，如果心态是不健康的，那么他的生活也会变得不健康，身体就会受到损害。

从科学的角度讲，思想健康的人，即使身体有病，他们也有战胜疾病的勇气和能力，不会轻易屈服。这就是我前面说到的：有些人没病，但状态是一个病人；有些人有病，但状态是一个健康人。

因此，拥有积极、豁达、热情、果断等能够促进身体健康的心理元素，并且懂得平衡它们，那么一个人的"心"就会健康。一个心中健康的人，一定是懂得平衡的人。

生命的力量

人生，是一次精彩而又艰难的旅程，在人生的道路上，我们随时都可能面临挫折、痛苦和疾病，而这种种的不幸正是生命对我们的考验，也是我们对困难的挑战。生命的力量是你要相信自己，相信人生。

任何生命都与两种因素息息相关，并会随着这两种因素的变化而变化，这两种因素便是时间与空间。随着时间的推移，生命会渐渐地逝去，这种情况适合于一切生命，不管是人类还是千年的乌龟，都是如此。生命的力量在时间的流转中变强、变弱，最终消失，这是一个生命的轮回，也是生命力量的一个轮回。

生命的力量不在于它在某个时期发挥出的力量，而是随着时间的推移是否能够收获一颗自由的心，这是生命力量的真谛。我们都学过这样一句诗："野火烧不尽，春风吹又生。"它向我们传递的便是草的生命力，即使一把火将它们烧干净，来年它们依然会生长出茂密的枝芽。一颗种子埋在地下，即使有重重的土块压在它的头顶，它依然会顶开土块，露出小芽。这就是生命的力量。草的一个生命轮回是从种在土壤中开始，被野火烧掉结束，其生命的意义在于，它能够向自然界展示其独有的魅力，能够让自然界中的其他生命看到它自由成长的状态。

蝴蝶是一个非常漂亮的小精灵，但它的光彩展现也是经历了重重考验。冬天，它被困在茧里不见光明，但它知道自己要破茧而出，所以它会在那厚厚的茧中不断寻找突破口，用头颅去撞破茧子。一次，两次，通过成千上万次的撞击，最终它会冲开茧子，化作蝴蝶，开始它的生命旅程。这就是生命的力量。

人是一种有生命的动物，所以我们也应该像很多有生命的动植物一样，展现出自己生命的力量。

一个人来到这个世界上会遇到很多困难和挫折，工作的压力，现实生活的残酷，让很多人不堪重负。但世界是公平的，它给予每

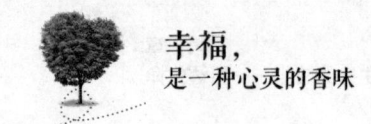
幸福，
是一种心灵的香味

个人一次生命，也会让每个人经受同样的困难与挫折。也许有人会质疑：每个人都有一次生命不错，但遇到的困难与挫折似乎并不一样。这是因为你的眼界还没有打开得足够大。比如，有些富人表面看他们似乎没有什么困难与挫折，但他们也许要面对空虚寂寞的生活、财产争夺的闹剧、媒体舆论监督的压力等等，他们也许会觉得还没有那些一无所有的人过得幸福。

生活中每个人都要面对一些困难、挫折，有些人面对挫折与困难时，乘风破浪，激情四射，不断前进，生活过得很幸福，生命也很有意义；而有些人面对困难与挫折，则手忙脚乱，苦恼不已，甚至低头认输。这是因为后者没有体现出生命的力量，换句话说，他的生命是不健康的。

事实上，当下很多人都没有完全发挥出自己生命的力量，这使得他们的人生道路走得崎岖不平，生活饱受痛苦和忧郁，经常疾病缠身，无精打采。这是因为他们不完全了解生命的力量而导致的结果。如同一群刚刚孵化出的小鹰，当它们羽翼丰满时，鹰妈妈会毫不留情地将它们扔下山崖，小鹰在下落的过程中，激发了强烈的求生欲望，便会萌发出生命的力量，有力地扇动翅膀，快速地学会飞翔，从此之后在天空展翅翱翔；而那些没有被激发出生命力量的小鹰，便会坠崖摔死。

鹰妈妈的这种行为并不是一种无情的表现，因为它知道，只有让小鹰明白生命的力量，它才会自由地在天空飞翔，否则便无法适应未来的生活。

作为人类，如何才能让自己体现出生命的力量，保证自己思想的健康，展现出生命的力量呢？

坚信真善美。不管你曾经做过多少坏事，不管你伤害过多少人，从现在开始，坚信真善美，相信自己是一个好人，天生我材必有用，

第一章
生命的法则——看透生命

你的存在一定是有价值有意义的。有人会问：那些欺世盗名、狡诈欺骗的人的生活一样很精彩，这个该怎么解释呢？人类要稳定地生活、发展，公平、正义、真善美一定是被推崇的主流，随着社会的发展、法制的健全、人们素质的提高，那些靠歪门邪道而获取美好物质生活的人的生命会变得越来越没有力量，越来越不健康，最终被人类所遗弃。

有一天我在街上走，一个人向我问路，我怕她找不到，就详细地写在纸上给她，她非常感激地连说几声"谢谢"，之后一整天我做事情都非常有激情，心情格外舒畅。试想一下，如果哪天我骗了人家100元钱，可能好几天我都要担心对方会不会找上门来，警察会不会抓我，工作、生活便失去了激情，无法体现出生命该有的力量。

让心灵不断成长。前面讲过，"心"的健康影响着身体的健康，此外，心灵的成长与生命的力量强度成正比。在生活中，我们要不断完善自己的心灵，从而提升生命的力量。把自己的思想拔到一定高度，你就会感到生命的力量是无坚不摧的。

相信生活是美好的。事件产生思想，一个人的思想由很多事件促就，而且思想决定着人生的方向。比如，你觉得你的四周危机重重，那么你就会有一种恐惧不安的思想；但如果你相信世界是美好的，人们是善意的，你在处理很多事情时就会显得淡定自如，创造出不同的生命意境。

一个人如果能够经常回顾、反省自己的生命历程，那么他的心灵会永远处于一种有力量的状态，即使是面对死亡，也会非常坦然。这是勇气的展现，也是生命的意义。

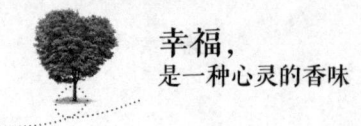

了解生命

在生物科学领域有一个词叫"生命法则",它由我国杰出生物学家康家熙博士及德国生物基础协会干事长库尔特·瓦格曼博士提出,是指遗传信息从DNA(人类等大多数生物的遗传物质)传递给RNA(病毒等少数生物的遗传物质),再从RNA传递给蛋白质,即完成遗传信息的转录和翻译的过程。也可以从DNA传递给DNA,即完成DNA的复制过程。这是所有有细胞结构的生物所遵循的法则。从科学研究的角度讲,这便是生命。

在生活中,我们应该对生命有一个更加深入透彻的认识,这样才能通过对生命的了解拔高我们的思想,提升我们的灵魂。

首先,应理解生命的意义。诗人裴多菲曾说:"生命诚可贵。"那么,它的可贵之处在哪呢?

一种生命的存在,并不能定义为它会呼吸、会生长,这是对生命最初级的认识。作为人类,我们对生命应该有一种更高的认识。生命不仅仅在于会呼吸会生长,更重要的是它能够带给我们欢乐和幸福,能够让我们天马行空地思考,发现更多有意义有意思的事情。懂得珍惜、热爱生命的人,能够在短暂的生命中理解生命的意义,释放出生命的价值。苏联作家尼古拉·奥斯特洛夫斯基每天醒来,都会想在有限的生命里创造出最大的价值,所以他创作了巨著《钢铁是怎样炼成的》,这便是对生命最好的诠释。

有人可能会觉得这样来了解生命似乎有些笼统,甚至不知道该如何着手。的确如此,所以,我们要在自己的生命中找到一个支点,从这个支点开始去了解生命,会让我们的思想发生很大的变化。比如著名音乐家贝多芬在自己的遗嘱中写道:"我旁边的人可以听到牧童的歌声,而我听不到……这使我几乎绝望。是艺术留住了我。在

第一章
生命的法则——看透生命

患难中支撑我，使我不致自杀的，除了艺术，还有道德。"他的生命支点就是艺术和道德，也正是因为这一点，当他听不到声音后，并没有轻视自己的生命，反而更加热爱自己的事业，克服各种困难挫折，创造出了更加优秀的作品。

曾经有一段时间，一度听到类似这样的新闻：某某学生因为学习压力大而割腕自杀；某某女孩因为失恋而跳楼自杀，等等。学生因为学习力大而自杀，一方面是我们的教育出了问题，生命教育缺乏，另一方面是因为其年龄小，对生命没有深入的认识与理解，才会产生这样的悲剧。而对于一个成年人来说，不珍惜生命，因为失恋而自杀，不客气地说，这是一种愚蠢的行为，也是对生命缺乏完整了解和正确认识的表现。

有些人认为，生命是我自己的，我爱怎么挥霍就怎么挥霍，想结束就结束。的确，生命是自己的，但父母给予我们生命并不是让我们去挥霍或者随意结束的，生活是美好的，我们要用生命来感受生活的幸福与美好，用它来创造出价值，回报父母的恩情，所以，单从这一点上来说，我们就应该珍惜和热爱生命。

其次，生命与自然、社会和谐共生。人是社会中的人，是自然界中的一种高等动物，不是生活在真空中或者沙漠中，所以，人的生命离开了自然、社会将很难存在。从生命向内探索，生命关系着我们自身的健康，影响着我们个人的成长，体现着自身生命的价值。从生命向外探索，生命与自然、社会是一种共生的关系，对生命始终要有一种敬畏的心态，感悟生命的意义和价值，保证自己的生命能在这两者中和谐共生，产生更大的价值。

《沙原隐泉》中有一段话是这样写的：

"爬，不为那山顶，只为已经划下的曲线；爬，不管最后到达什么地方，只为了已经耗下的生命；爬，站在永久的顶端，不断浮动

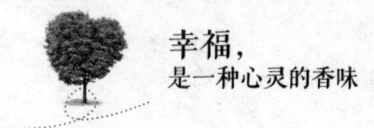

的顶端,自我的顶端。爬,只管爬。"

我非常喜欢这段话,因为它充分阐述了生命的意义。其实,生命就是一个不断攀爬的过程,从这个山顶爬到更高的山顶,在攀爬的过程中我们会经历痛苦、磨难和挫折,而正是因为这样,才显得我们的生命更有意义,更有价值,而且也只有在这个过程中,生命才能体现出前所未有的辉煌。

不管在工作中还是生活中,每当我遇到困难和挫折的时候,我都不会灰心丧气,因为这样除了打击我的积极性外没有任何好处,它会损害我的身体健康,让我斗志消沉,与成功更远,更重要的是会使我的生命失去意义和价值。

了解生命,正视生命的过程。"人生自古谁无死,留取丹心照汗青",在有限的生命里活出意义,创造出价值,这才是生命的最好结果。

生命是一段刺激的探险过程

他是一名退伍军人,出生在20世纪50年代,现在是一家星级酒店的安保主管。

他经历丰富,见多识广,重情义,讲道义。以前做铁路警察的时候,他在某小车站遇见一个50岁左右以乞讨为生的精神病患者,身上经常穿着一件军大衣,胸前挂着军功章,据说曾经当过兵,是一个老兵。那时候,很多人吃不饱饭,但他每次到这个火车站都会给这位老兵送饭。同事们对他的这种做法很不理解,觉得自己都吃不饱饭为什么还要给一个要饭的送饭,他说:"人活着要有意义,要让自己的生命更有价值。"

第一章
生命的法则——看透生命

就这样，每次他到火车站，那位老兵都会在老地方等着他。之后由于临时出任务一段时间，他没有去那个车站，当他正常上班再次去车站给那位老兵送饭的时候，却没见着人。后来听说前段时间车站轧死过一个人，而这个人就是他一直送饭的老兵。很久以后，每当说起这件事情的时候，他的眼睛还总会湿润。

在他的办公室里，最为常见的是一些运动、探险工具，如户外背包、帐篷、睡袋、探险地图等。他说："通过探险，能够感受到自己生命中不屈的灵魂，能够让自己的生命更加精彩。"后来我才知道，他参加过汉江漂流，去过西藏、可可西里，翻越过大巴山和神农架等，总之，除了正常的工作，他的大多数时间几乎都是在探险的旅程中度过。

他说："一个人一生只有一次生命，而且是一个很短暂的过程。在这个过程中，你可以吃喝玩乐度过，你可以专心研究某个领域度过，你也可以平平庸庸地度过。但不管你选择以何种方式来度过自己的生命，都要在自己的生命中留下难以忘记、刺激的印记，这样才不枉活一场。"

的确，人的一生说长很长，说短很短。对于那些珍爱生命的人来说，他们会认为生命很短暂，世界很美好，每天都在与生命赛跑，甚至舍不得睡觉，希望在自己仅有的生命中体现出最大的价值，做一些更有意义的事情，让自己最大限度地感受到世界的美好。就如开头故事中的那位主角，他是一个非常热爱、珍惜生命的人，也一直在努力寻找更美好、更能让自己的生命有价值的事情，通过帮助他人来体现自己生命的意义，通过探险户外运动来展现生命的价值。

那么，如何才能让自己的生命更有意义呢？我们不妨去尝试做一些你曾经想做，但因为种种困难、挫折而让自己胆怯最终放弃的事情（这里所说的是一些合理合法的事情）。

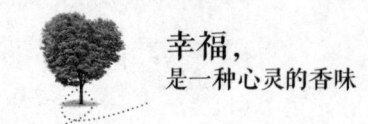

比如，你曾经想自己创业，但看到很多人创业失败，欠了一屁股债，生活过得很窘迫后，担心自己若不成功也会变成像他们那样，从而胆怯了，放弃了，一直过着自己不满足而又不敢去创业的生活。为了充分体现生命的刺激和激情，这类人首先要深刻地了解自己，发现自己的优势，然后勇敢地去做，这样我们在做某些事情的时候才更能感受到生命的美好与价值。

有相当一部分人在小的时候拥有伟大的梦想，发誓要为实现自己的梦想而努力。但随着年龄的成长，社会的变迁，有些人沮丧了，疑惑了，疲惫了，开始怀疑自己曾经的想法是不是太幼稚了，觉得自己无法实现自己的梦想、改变自己的命运，于是心不甘情不愿地过上了平庸的生活。但是，这样的生命旅程是不健康的，是对生命的一种浪费。

试着对自己说："我喜欢自己，我能做到，我能改变，我能实现自己的梦想。"然后开始自己的生命旅程，用一颗宽容的心去爱所有的人，爱这个世界，去勇敢地实现曾经被现实击得粉碎的梦想、因为胆怯而不敢去实现的理想，像一个探险家一样，挖掘生活中更加刺激美好的东西，开启新的生命旅程。

面对曾经让你胆怯的种种困难和挫折，以一个斗士的姿态，去克服击败它们，努力将它们踩在脚下。相信在这个过程中，你更能够感受到世界的美好，生活的美妙，以及生命的不凡。

敬畏生命

不管是通过各种媒体还是身边的朋友，我经常都会听到关于婴儿被遗弃的事情，这些婴儿大多身体有某些缺陷，例如智障、残疾以及各种先天性疾病。每每听到这样的消息后，我都心痛不已，为那些被遗弃的孩子感到不公，为那些遗弃自己亲生孩子的人感到羞耻，觉得他们是在亵渎生命，是对生命的不尊重。说实话，我甚至有些痛恨他们。

也许有人会说：那些遗弃孩子的父母也有自己的难处，或者他们家庭经济困难，根本承担不起孩子的医治费用，或者有些疾病是先天性的，根本无法医治，会一直跟着孩子一辈子。面对这种情况，不遗弃还能怎么办？

可我想说，作为人，作为有生命的高等动物，不管是什么原因，我们都有义务有责任抚养自己的孩子，这是人的基本属性，也是对生命的敬畏。即使由于经济原因无法医治好孩子的病，我们还可以求助社会，相信大多数人都会伸出援助之手。即使这种病是先天性的，无法医治，我们也应该善待他们，带着敬畏之心去对待每一个生命。

与当代那些遗弃婴儿的不耻行为相比，日本有一个作家叫大江健三郎，他的一些做法除了让人敬佩之外，更是充分体现了对生命的敬畏与尊重。他的老婆怀孕之后，在做孕检的时候发现孩子患有先天性智障病，当然这种病是无法治愈的。按照普通人的做法，除了感到痛苦之外，为了避免将来承受更大更漫长的痛苦，一般都会采取打胎的方式进行自我保护。这样做无可厚非，没有什么不对，也是明智的选择。

但让人们感到意外的是，他们决定生下这个孩子。因为他们觉得，不管孩子有何种疾病，有多么残缺不全，这都是一个生命，他们有责任抚育这个生命，不能逃避也无法逃避。

早些年当我第一次听到这件事情之后，觉得大江健三郎夫妇的行为很愚蠢，他们完全没有必要承受这样的痛苦，何况孩子还没有

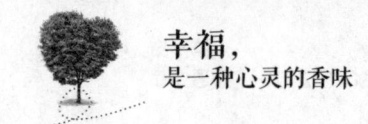
幸福,
是一种心灵的香味

生下,打掉孩子不违反任何法规。而随着年龄的增长、阅历的增加,以及对生命的深入理解,我开始敬佩大江健三郎夫妇的行为,因为这是对生命的一种敬畏。

后来,我在日本作家加藤浩美的一本书里看到了她对于生命同样的观点。她有一个孩子叫秋雪,和大江健三郎的遭遇一样,孩子患有先天性疾病,不同的是她的孩子是在出生之后检查出这种病的。更为糟糕的是,秋雪还患有非常严重的肺病和心脏病。

医生告诉加藤浩美,这个孩子很难活过一岁,而且在半年内只要有一次感冒,孩子就会死去。换句话说,她的孩子最多也就拖累她一年,如果中间不小心生一次病,可能连拖累一年的权利都没有,而且如果继续治疗的话需要高昂的费用。对于这种情况,我相信大多数父母都会放弃对孩子的治疗,默默地陪伴孩子走过一年,因为医生已经下了"死亡判决书",无论如何努力都无济于事。

然而加藤浩美却不这么想,她在书中写道:"对于这样的孩子,如果我们做父母的不能勇敢地去面对,那就是对生命的失敬。"加藤浩美出于对生命的敬畏,担当起了照顾、治疗秋雪的责任和勇气,积极为秋雪求医问药,细心照顾。之后,秋雪安全地度过了一岁生日。医生在听到这个消息后都觉得这是一个奇迹,很不可思议,但加藤浩美说:"不,不,我不认为这是奇迹,那是因为秋雪是这个世界上最体谅父母的孩子,所以她挺过来了。"

这就是对生命敬畏的结果,在很多人看来是奇迹,而对于对生命抱有敬畏之情的人来说,这就是应该发生的结果。

事实上,我们应该对每一个生命都抱有敬畏之心,拿出责任去看待他们,对一切生命的负责其实就是对自己的负责,因为人不是孤立存在的,我们依赖于这个世界上其他的生命才能和谐共生。任何生命都有价值,都是高贵的,我们与他们不可分割,对生命不懂得敬畏和尊重，那么自己的生命也将无法保证被尊重。

　　枝头唱歌的小鸟，地上搬家的蚂蚁，草原上奔跑的羚羊，看家护院的小狗，因为它们的存在，这个世界才展现出了无限的生机，变得如此美丽。任何一种生命都是伟大的，敬畏生命就是敬畏我们自己，我们不仅要对生命抱有怜悯之心，更要对生命抱有一种崇拜之感，因为这是人类生存的伦理机制。

丰满短暂的生命

　　小的时候期盼着自己快速长大，做大人们做的事情，感觉人的一生真长。随着年龄的增长，人的这种想法会渐渐地消失，甚至在经历一些刻骨铭心的事情之后，你会觉得生命是如此短暂，让人不敢回想。

　　我有一个朋友，和我年龄相仿，我们在一起有十几年的时间，关系很好。那时候经常在一起谈天说地聊理想，直到有一天她突患疾病，因无法治愈离我而去。当时的她还是那么年轻。我在难过惋惜之余，感到生命是如此短暂，如此脆弱。

　　心情稳定之后，我开始回顾这位朋友的一生，除了我和她之间发生的一些让人回味留恋的欢声笑语之外，对于她个人而言，似乎她的一生很是平凡，生命中并没有太多精彩的事情发生。生活中和大多数人一样按点上下班，上班后机械地工作，下班后做饭吃饭，然后看电视睡觉，很多时候都是这样重复着。事实上，当下很多人的生活都是这样的，但是静下心来思考一下，这样的生命是不是有些单调，不太丰满呢？

　　神人摩西在《诗篇》第九十篇中说道："在你看来，千年如已过

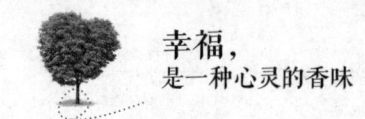

的昨日，又如夜间的一更。你叫他们如水冲去，他们如睡一觉。他们如生长的草，早晨发芽生长，晚上割下枯干……我们经过的日子都在你震怒之下；我们度尽的年岁好像一声叹息。我们一生的年日是70岁，若是强壮可到80岁；但其中所矜夸的不过是劳苦愁烦，转眼成空，我们便如飞而去。"生命是短暂的，人生快如白驹过隙，也许你现在无法体会到这一点。但当你到花甲之年后，你一定会深深明白生命的短暂。

　　生命虽然短暂，但我们可以让它变得有意义，让其丰满。积极地去实现自己的理想与愿望，哪怕用一生的时间，即使最终没有如愿，人生也是有意义的，生命也是丰满的。有多少人在遇到困难阻碍之后便轻易放弃了，开始萎靡的生活，让自己的生命变得轻如鸿毛；有多少人在短暂的人生中始终抱有不屈不挠的精神，铸就了辉煌的事业，为人类做出了巨大的贡献，让自己的生命变得伟大；有多少人为了做一些自己喜欢且有意义的事情，舍不得睡觉，没日没夜地努力着，让自己的生命变得充实丰满。

　　有时候我也会想，生命如此短暂，自己到底该怎么度过呢？该选择何种方式来度过自己的生命呢？我想了很多方式，比如每天吃喝玩乐、游山玩水来享受生活的美好；做事业赚钱，向世界首富挑战；找个安稳工作过平凡的生活等。最终我选择了健康事业，因为我觉得健康的身体是一个生命绽放的保证，有了健康的身体我们才能有机会去体现生命的价值和意义，而且它更能够让我的生命变得丰满。

　　当然，每个人都有自己的生活方式，都有自己生命的主旋律，但不管选择何种方式生活，丰满自己的生命都是最重要的。

　　上升一个高度，甚至可以说丰满生命应该是一个人的责任，因为你的生命状态影响着你周围人的生命状态。我有一个朋友事业心

第一章
生命的法则——看透生命

很强，而且我发现和他关系不错的朋友都是这一类人，他们做事认真负责、积极努力。早年工作期间我还认识过这样一个人，他为人狡诈奸猾，工作时总会投机取巧，而和他关系比较好的都是和他同类型的人，生活懒散、人缘很差。我之所以只是认识他而没有接近他，是因为担心他会让我的生命变得无味。这也就是人们常说的"物以类聚人以群分"吧。

也就是说，如果你生命不够丰满，可能会影响到你身边的人，使他们的生命也不够丰满，特别是对于一些关系很好、原则性不是很强的朋友，当你做出对生命不负责的行为时，他们会想："你都这么做，我为什么不这么做呢？"从而影响他们生命的质量。所以，丰满自己短暂的生命不光是为了自己，也是为了身边最好的朋友。

当然，生命是每个人自己的，想怎么过就怎么过，谁也无法、无权去阻挡，但生命只有一次，而且短暂，这短暂的生命不仅仅是属于自己这么简单。从生命开始的那一刻起，就需要对家庭、身边的人、社会负有一定的责任。让自己的生命丰满，不只是对自己负责，更是对家庭、朋友、社会负责。

在电视剧《士兵突击》中演员王宝强经常会说这样一句话："人活着就得有意义。"我非常喜欢这句话，它是对生命丰满的一种直白的表达。去做一些有意义的事情，不仅是给自己生命的一张完美答卷，更是为短暂生命铸就永恒的方式。

生命因死亡而珍贵

死亡是生命发展到一定阶段的一种自然现象，有生必有死。世界是美好的，但人总难逃一死，不过只是时间长短的问题。世界上

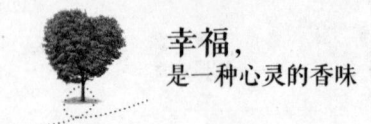

幸福，
是一种心灵的香味

没有任何一种能够让人长生不死的药，有多少古代帝王曾经动用全国的力量来寻找长生不死的灵丹妙药，但最终都难逃一死。

死亡只是生命的一部分，是非常平常的一件事情。如同一颗种子种在地下，然后破土发芽，长出一片叶子、两片叶子……直到成为一种显眼的植物，从中我们可深刻体会到生命的神奇。但是这个植物始终处在生长变化之中，在存活一定时间后便会枯萎死亡，这是它的最终归宿。在地球上，只要是生命，最终都是这样的归宿。

人们都恐惧死亡，这是一种正常现象，因为世界如此美好，生活如此美妙，我们当然不愿意这样的状态消失。但是，我们要客观地去看待死亡，不要因为过分在意它而影响我们的生活，影响自己的价值观，甚至做出一些荒谬的事情。

记得多年前，玛雅预言，2012 年 12 月 21 日彗星将会撞击地球，地球会在宇宙中消失，也就是说这一天将是世界末日，人类都会死亡。

对于这样的预言我自始至终都认为是一个愚人节的玩笑，然而，有些人对于这样的预言却相信了，面对假"死亡"他们开始变得不理智。有人制造了"末日逃生舱"，据说可以躲过火山熔岩和海啸等任何劫难，更可笑的是有人居然用高昂的价格购买了它；还有人听说世界末日即将来临，开始不淡定。有这样一个人，家里存了 5 万元钱，听说世界末日就要来临，所有人都会死掉。于是，他在"世界末日"的前一天，拿着这家里仅有的 5 万元吃喝玩乐一次性消费掉了。而讽刺的是，第二天，当他睁开眼睛，仍旧看到了窗外的太阳，听到了车水马龙的声音。他开始对自己的行为懊恼不已。

当一个生命诞生时，我们都会满怀喜悦地去迎接他生命的开始，面对死亡，其实也应该平静安详地去面对和接受。难过、痛苦是人之常情，是一种感情的释放，但不可因为不敢面对死亡而影响生活

第一章
生命的法则——看透生命

的真谛，无法理解生命的意义。这样，我们的生命就失去了该有的价值。

《哈姆雷特》中有这样一句台词："活着，还是死去，这是一个问题。"它抛出了一个每个人都必须去面对的问题，那就是生与死。人终归会有一死，任何人都无法选择，那么面对死亡，我们该拿出怎样的心态来看待呢？

我曾经读过一本小说，里面讲了这样一个故事：有一个女孩学习非常好，考上了重点大学。但就在她将要去大学报到的时候，被查出患有不治之症。面对这一突发情况，她非常难过，无法面对这样残酷的现实，更割舍不下对美好生活和亲友的眷恋。但面对死亡，她并没有消沉，而是把死亡当作是生命的一部分，更加珍惜活着的每一分钟，继续努力地去实现自己的愿望，用甜美的微笑来面对亲友，以一种坦然的心态走完了自己的一生。

当我看完这个故事后，眼睛不自觉地湿润了，对小说中的女主人公充满了敬佩之情。因为她明白，死亡只是生命中的一部分，面对死亡，她依然绽放着自己生命的价值，这才是最珍贵的。

试想一下，世界上如果真有长生不死的药，人类将会变得怎样？不难想象，那时的生命将不再显得那样珍贵，每个人都可以随意挥霍自己的生命，也就没有了时间观念，每天可以睡到中午12点，想什么时候工作就什么时候工作，因为他们不会死亡。这样的话生命将会变得没有意义，自然没有珍贵一说。

是死亡让我们更加珍惜生命，更加重视生命的价值。死亡对人类思想的影响有这样两个极端，一种是乐观主义者，他们无视死亡，今日有酒今日醉，管他什么时候死，无论在工作中还是生活中，只要自己高兴即可，这类人的生命往往没有价值；一种是悲观主义者，眼里只有死亡，每天担惊受怕，每次出门都要挑黄道吉日，乘车时

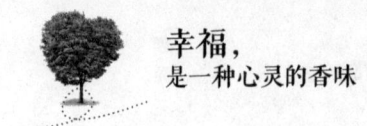

幸福，
是一种心灵的香味

担心会出车祸，坐飞机时担心会从天上掉下来，有一种杞人忧天的心态。同样，这类人的生命也不会创造出太大的价值。

能够显现出生命的珍贵的，应该是介于这两者之间，既要用豁达的态度正视死亡，更要看到生活的美好与生命的意义。人的死亡有三种不确定因素，既何时、何地、何结果。何时死，没有人知道；何地死，也没有人知道；何种结果死，是善终还是恶终，这一点是个人可以左右的。每个人都希望善终，那么我们就需要在自己有限的生命中，做一些有意义、有价值的事情，这样，我们的生命也会因此而显得珍贵。

第二章

爱的密码——感悟仁爱

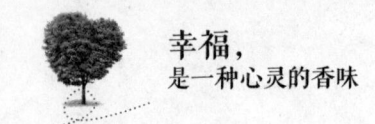

幸福，
是一种心灵的香味

爱的世界没有上限

在人类的生活中，爱具有很广的范围，爱情、亲情、友情当中都包含有爱的元素。在一对相恋的情侣中，女方经常会问男方："你到底爱我有多深？"对于这样的问题，我想男方永远也回答不上来。因为爱是无法用数字衡量的，在爱的世界，没有上限。

有这样一个三口之家，丈夫每天早出晚归，挣钱养家，妻子在家里照顾一岁的小儿子。这天下午四点多，妻子为了犒劳每天在外打拼的丈夫，让他吃一顿好的饭菜，准备去菜市场买菜。可是带着儿子一起去的话，自己没法拿菜，而且速度会慢很多，于是她将儿子锁在屋里，一个人去买菜，心想自己快去快回，不会有什么事情。

在买菜回来，刚走到距离自家楼房不远的马路边上时，她忽然看见自己的儿子趴在没有栏杆的阳台上。就在她盯着儿子看的时候，儿子发现了她，激动地向她爬来。她意识到危险随时都有可能发生，急忙向儿子挥手，示意儿子爬到屋子去。但是一个一岁的孩子哪知道她的意思，他只觉得妈妈就在下面，他要去找妈妈。

路人看到这一情景，个个都惊呆了，心提到了嗓子眼。就在这千钧一发之际，她以不知多快的速度穿过马路，向正对着孩子的下方跑去。说时迟那时快，孩子在坠落的一瞬间，正好跌到了她的怀里，哇哇大哭。

儿子安然无恙，但她脸色惨白，心依然在扑通扑通紧张地跳动着。对于她的这一举动，路边的人都惊呆了，她到底是以怎样的速度穿过马路跑到楼下的呢？

第二天，报纸上报道了这件事情，标题是：爱的速度是没有上限的。

客观分析这件事情，按照正常情况，几乎没有人能够办到。只有一种解释，那就是母亲对儿子的爱，爱的力量是伟大的，它可以穿越一切物体；爱的力量是惊人的，它可以超越一切速度，尤其是母爱。

我有一个朋友，在一家外企工作。由于公司调整，需要他去国外工作两年，而且期间不能离开工作岗位。对于他来说，这是一次绝好的锻炼机会，对他的事业有很大的帮助。回家和妻子商量，妻子坚决反对他去国外工作这么长时间。经过他的软磨硬泡，最终妻子勉强答应了。走的时候他给妻子送了一束花，尽管这样，妻子还是满脸的不高兴，对他依依不舍，六岁的儿子掉下了眼泪。要知道，他是非常爱妻子的，妻子也非常爱他，对于儿子，自然更不用说。

就这样，他踏上了国外的土地，开始了新的工作。他从走的那一天起，每个星期都会往家里打电话，向妻子及儿子报告自己的情况，询问家里的情况。很快半年过去了，一次他给妻子打电话，妻子哭着说："你走的时候送给我的花都已经蔫了，我一个人实在撑不住这个家。"儿子在一旁也哭着说："爸爸，你说我考100分你就回来了，可我已经考了五个100分了，你怎么还不回来啊？"

听着妻子的哽咽，儿子的哭泣，他放下电话后，马上找到领导，辞去了国外优越的工作，买了最早的飞机票回到家中。

回到家后，他抱着儿子，拉着妻子的手，感到无比的幸福。当他给我讲完这件事情后，我的第一反应就是太可惜了，这么好的工作就这样因为儿女情长而放弃了，真是不值。但后来仔细一想，那

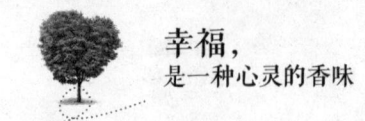
幸福，是一种心灵的香味

么优越的工作机会难道对我这位朋友没有诱惑吗？他是一个事业心很强的人，一定有。除了他的妻子和儿子，我想谁也无法让他做出这个决定。他之所以会这样做，完全是因为对妻子和儿子的爱，这种爱已经超越了他能承受的定力范围。

有位学者曾说："人生一世，亲情、友情、爱情三者缺一，以为遗憾；三者缺二，是为可怜；三者皆缺，活而如亡！"这三者与人的连接点就是爱，对孩子的爱，可以让其放弃一切；对朋友的爱，可以让其两肋插刀，在所不惜；对爱人的爱，可以让其放弃生命。类似于这样的事情经常在我们的生活中上演。

我相信，不管是哪一种爱，都是无法衡量的，也是没有上限的，为了爱，人们经常会做出一些出乎意料的事情。每个人来到这个世界上，都注定了要爱与被爱，因为爱，我们的生活更加和谐；因为爱，社会更加稳定；因为爱，世界更加美好；因为爱，我们有了作为人的灵性。

不要束缚你的爱，勇敢地向世界绽放你的爱，有时候，因为你的爱，所有问题都将会迎刃而解，你会变得更加强大。

因为爱，所以有希望

这是一个凄惨的故事，但故事中充满了人类伟大的爱。

2008年的一天，4岁的小加航从外边玩耍往回走，经过一个马路时，被突如其来的大货车撞倒在地，大货车从小加航的屁股上碾压而过，小加航当场昏死过去。悲剧就这样发生了。

随后，家人租了一辆车，马上将小加航送到了市区医院，经过医生检查，发现小加航从肚脐到骨盆部位的皮全部撕裂脱落，尿道

第二章
爱的密码——感悟仁爱

被压坏。当天，医生对小加航施行了抢救手术，骨头和神经都接得很成功，但尿道无法修复，只能从腹部挖一个洞，用塑料管导尿，手术费用将近40万元，尽管肇事者赔偿了32万元，但这对一个农村家庭来说依然非常困难。从这一天开始，小加航开始了以"管"为伴的生活，一家人幸福的生活也被打碎。

小加航的父亲是一个货车司机，自从孩子出事之后，他更加努力地工作赚钱，希望能够让小加航过上幸福的日子，甚至希望有一天能够取掉小加航身上的管子。祸不单行，就在小加航出事的第二年，父亲在出车的过程中感觉到腹部疼痛，随后去医院做检查，医生告诉他，他得了肝癌。面对这样的生活变故，加之小加航的爷爷常年卧床不起，一家三个病号，小加航的父亲对生活失去了信心，甚至想过自杀，但小加航的一句话让他重新拾起了生活的勇气。小加航对他说："爸爸，我的屁股被车撞烂了都能挺过来，你也能。"

听到这句话，他泪流满面，对儿子的爱瞬间爆发，激动地对儿子说："儿子，我们都能够挺过去，等爸爸病好了，我带你出去玩。"

就这样，因为儿子对父亲的爱，儿子面对如此残忍的病症，挺了过来，坚强地生活着，让父亲燃起了对生活的希望；因为父亲对儿子的爱，父亲想各种方法给自己和儿子治病，即使面对再大的困难阻碍，他的心中始终充满力量。

这是一个感人肺腑的亲情故事，当我第一次听到这个故事后，眼睛瞬间就湿润了，被他们父子之间的爱深深地打动。

在现实生活中，也有不少像小加航这样的家庭情况，但结果却很是让人失望。有些父亲看到儿子得了重病，狠心地将儿子丢弃，这是因为他对儿子没有爱，所以也就没有了希望；有些儿子看到自己的父亲得了重病，不仅舍不得花费钱和精力去照顾，而且让父亲住在阴暗潮湿的地下室，自己住在阳光通透的高楼上，这是因为他

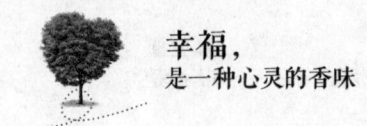
幸福，
是一种心灵的香味

对父母没有爱，所以也就没有了希望。从健康的角度讲，这类人是有心理疾病的，没有达到一个健康人的状态。

除了亲情之间的爱之外，很多方面的爱都是一种力量和希望的象征。比如男女之间的爱，有的女孩爱一个男孩，男孩也特别爱女孩，但男孩家里很穷，所以尽管男孩很优秀，女孩的父母还是坚决不同意。于是，女孩不顾父母朋友的反对，坚定地和男孩在一起，有些甚至偷偷领了结婚证。这是因为女孩觉得，不管男孩家里多穷，只要他们之间有爱，他们就能拥有美好的生活。有的新婚燕尔，没有车、没有房、没有靠山甚至没有存款，但是他们每天过得非常开心，这是因为他们彼此深爱着对方，所以对未来美好的生活充满了希望。

再比如，老师对学生的爱。教育家夏丏尊说："教育不能没有爱，犹如池塘不能没有水。没有爱就没有教育。"一个优秀的老师一定是对学生有爱的，他们不仅喜欢那些优秀的学生，也很重视那些各个方面较差的学生。

记得我在上小学的时候，我的班主任就非常优秀，她非常爱学生，不管是好学生还是坏学生，在她的眼里都是未来的希望。那时候，班里有一个学生家庭经济条件较差，父母为了让家里过上更好的生活，整天在外边忙活赚钱，对孩子疏于管教。由于缺乏家庭的温暖，这位学生性格内向，不好好学习，与同学的关系也很不好。

为此，她耐心地开导这位学生，花在他身上的时间要比任何一个学生都多。就这样，这位学生的学习成绩慢慢好了起来，与其他同学的关系也越来越好。这便是老师爱的力量，可以让一个各方面较差的学生变得更有希望。

在这个世界上，关于爱的故事还有很多，因为爱，我们可以点燃生的希望；因为爱，我们可以让自己更有力量；因为爱……

立即行动起来

　　行动是爱的一部分，一个人如果有很多的爱，但没有行动起来，那么这样的爱就没有任何意义，因为没有体现出爱的价值。比如你爱你的孩子，而且特别爱他们，但你只是心里这样强烈地想着，并没有行动起来。在孩子哭闹的时候，你不去管他，任他声嘶力竭地哭；在孩子饿的时候你没有给他饭，任他的肚子咕咕叫。如此，你可能觉得你很爱他们，但是在旁人看来你并不爱你的孩子。再比如，你很爱你的妻子，但是你没有用行动表达，妻子可能就感觉不到你对他的爱，你的爱也就没有了价值。

　　爱与行动是不可分割的，有爱就必须有行动，这样才能算作真正的爱。当然，一个人的行动是受到外界因素刺激后的反应，爱便是这种外界因素，一个人对不同事物爱的程度不同，行动程度也就不同。比如通常我们爱自己的孩子要比爱朋友强烈一些，所以我们一有好吃的好玩的都会给自己的孩子，而不是给朋友。但试想一下，如果我们在爱的刺激下并没有做出以上行动，那么不管你的爱是否强烈，都不会产生结果。

　　在泰戈尔的笔下有这样两幅爱的画面。一个小女孩在河边洗水壶，她的弟弟光着脚丫坐在河边的石头上洗脚，不远处有一只小绵羊在河边吃草。小绵羊吃着吃着，来到了弟弟的身后，此时弟弟依然在不知不觉地洗着脚。忽然，他感到有东西在后面撞自己，于是他习惯性地回头，看见一个很大的羊头挨着自己的肩膀，他吓得尖叫起来，随后便哇哇大哭。

　　女孩见状，赶紧放下手中的水壶，跑到弟弟身边，用一只手抱起弟弟，另一只手抚摸着受惊的小绵羊。显然，小女孩很爱自己的弟弟，也很爱小绵羊，在他们有需要的时候，她都用行动付出了自

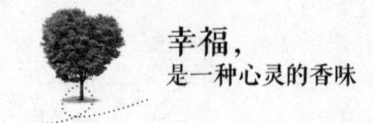
幸福，
是一种心灵的香味

己的爱。

另一个画面是在一个夏天的中午，天气特别热，一头大水牛站在河边的稀泥中，一个年轻人站在没过膝盖的河中，水牛用温顺的眼睛看着站在河中的年轻人，年轻人微笑着大声对水牛喊着："来吧亲爱的，过来洗澡了。"尽管水牛听不懂年轻人所说的话，但是年轻人用语言表达出了对水牛的爱。

相信每个人看到这两个故事的时候，心中都会充满对爱的敬意，有了爱的存在，加上爱的行动，生活才变得如此美好，世界才变得如此和谐。在行动中，爱让人类走向了光明，让人的思想得到升华。

在人际交往中，你对他人给予善意，友好地与对方接触，你会得到他人对你同样的爱。但如果你用仇视、不怀好意的心态去对待他人，他人可能也会同样对待你。在爱的行动中，你付出什么样的行动，别人也会用什么样的行动来对待你。

我有一个女性朋友，她有一个五岁的女儿。有一天，女儿对她说："妈妈，我好爱好爱好爱你。"

她问女儿："你为什么爱我呢？"

女儿撒娇地说："不为什么，我就是很爱你。"

她接着问："那你用什么爱我呢？"

女儿认真地说："我长大了赚到钱会买很多好吃的给你。"

听到女儿这样说，她的眼泪开始在眼眶中打转。这是多么单纯的爱，没有任何附加条件，只是对妈妈的爱。女儿对妈妈爱的行动是用语言表达，计划将来买很多好吃的给妈妈。对于一个妈妈来说，女儿以这种方式来表达对自己的爱是最让人感动的，相信任何一个妈妈听到女儿这样说都会非常开心。

不管是小女孩用一只手抱着弟弟一只手抚摸着小绵羊，还是女儿无条件地向妈妈倾诉自己的爱，都需要付出行动。通过爱的行动，爱的真谛才能表现出来。

每当我做演讲培训或者参加某些活动，由于人多而很难进去的时候，都会想到西方的一个神话故事，说上帝在讲课的时候，有四个人抬着一个瘫痪病人请上帝来治疗，可是由于听课的人太多，无法将病人抬进屋子。于是，这四个人就把屋顶拆掉，将病人用被褥绑好从上面放了下来。上帝看到这四个人对这位病人这么有爱，于是便医好了他。

虽说是神话故事，却体现了爱的哲理。对于一个瘫痪的病人，这四个人并不只是在嘴上说说对病人关爱的话，而是克服种种困难付出了行动，从而让爱变得更有价值。

如果你爱你的父母，请为他们捶捶肩膀、按摩按摩腿；如果你爱你的妻子，请有空的时候帮她做一些家务活，给她买一件漂亮的衣服；如果你爱你的孩子，请多关心一下他的学习情况；如果你爱你的朋友，在对方有困难的时候请伸出援助之手。总之，如果你有爱，就请立刻行动。

人生路在爱中点亮

记忆中，在我小的时候，外婆总有讲不完的故事，每当晚上睡觉的时候，我总要听着外婆的故事才能进入梦乡；每当夏天来临，瓜果成熟的时候，外婆总会带着我去摘各种水果，然后尽情地享受。记得有一次，一个邻家的孩子欺负我，外婆当着我的面在那个孩子的屁股上打了一个响亮的巴掌，当时我心里特别高兴。后来，虽然我知道了那一巴掌其实是外婆自己右手打左手，我依然特别高兴，因为那是外婆对我的爱，因为外婆的爱点亮了我的童年。

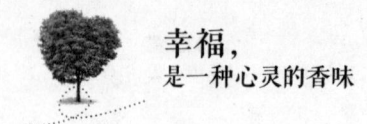

幸福，
是一种心灵的香味

上学的时候，有一位老师让我十分怀念。那一年，我的学习成绩不是很好，产生了厌学的情绪，是他耐心地开导我，辅导我的学习，对我不放弃，使我重新燃起了对学习的渴望，让我知道了努力，明白了自己的责任。老师的爱，点亮了我的求学之路。

走出校门，步入社会，我更加明白了爱的重要性。我有一个学生，老家是农村的，经济条件不是很好，所以高中毕业之后就开始打工赚钱。那一年他刚结婚不久，因为没有技术，没有文凭，一直没有一份稳定的工作，每天靠干一些零活维持一家人的生活。生活的压力以及现实的残酷，使得他对将来很没有信心，每天只是机械式地找活干活。他在向我说这些事情的时候，我明显能够感觉到他心里十分郁闷，对生活、对未来没有一个清晰的规划。

随后，我用了整整一天的时间和他聊天，谈人生中的"爱"，向他灌输爱的理念。我告诉他，不管你现在的生活多么糟糕，只要你心中有爱，一切问题都会迎刃而解，拿出你对妻子的爱、对孩子的爱、对社会的爱、对朋友的爱，你的心会更加开阔。

通过我的开导，他现在已经变成一个阳光开朗的人，生活也慢慢地好了起来，对未来充满了希望。很明显，是他的爱点亮了他的人生。

有一年，我去外地讲课，晚上讲完课后，随后我处理了一些事情，不知不觉一看表居然已经22点30分了。会议室只剩下我一个人，学员和我的助理已经回家。我住的地方和讲课的地方不在一起，而且由于修路，门口没有出租车，我需要穿过一条立交桥涵洞才能打到出租车回家。没修路之前涵洞里有路灯，而此时那条涵洞是黑暗的。也就是说，我要一个人穿过这条黑暗的涵洞打车回家。

我锁好办公室的门，来到坑坑洼洼的马路上，路上没有一个人，还好有些人家还没有休息,屋里的灯光可以隐约照亮马路。但当我走到这条涵洞口时,里面一片漆黑,顿时害怕了起来,虽然涵洞不过 20 米左右,但我始终不敢踏进去。在白天,我可以从容地穿过这里去讲课,而此时我却有些胆怯。

这时,一位拾荒老人走了过来,他从破烂的包中掏出一个陈旧的手电筒,打开微弱昏暗的灯,他没有说话,只是向我笑了笑,用手电筒的灯光指着涵洞,示意我走过去。我也礼貌性地向他微笑了一下,急忙顺着手电筒的灯光走出了涵洞。在我走出涵洞的一瞬间,我回头看了看他,示意他我已经走过来了。而他依然在照着我脚下的路,我能感觉到,他依然在向我微笑着。

虽然老人没有说话,衣着也很破烂,但我一直觉得他是一个非常高贵优雅的先生。之所以会产生这种感觉,我想这是因为爱的力量吧。是他的爱,照亮了我脚下的路,而不是他的手电筒。

每个人遇到这样的事情,心中一定是温暖的、贴心的。就像乘坐公交车,当有人为你让座时,你顿时会产生一种感激之情,这是因为对方给了你他的爱。

当然,我们也经常会遇到一些没有素养甚或坑蒙拐骗的人,他们的人生路是黑暗的,难道这是因为他们心中没有爱吗?当然不是,每个人心中都有一份爱,只是有些人的爱点燃了,而有些人的爱没有点燃,当有一天他们懂得"爱"之后,人生路就会被照亮。

带着爱去走自己的人生路,你会发现世界比你想象的要更加美好、精彩,爱不但可以点亮你的人生路,还可以点亮他人的人生路。

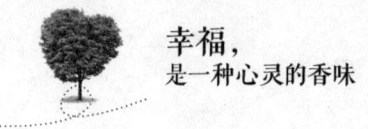
幸福，
是一种心灵的香味

人因大爱而高尚

所谓大爱，就是对事物整体的关心和爱护，是一种不图回报、不讲条件或者条件相对宽松的爱。比如中国古代的老子、孔子等就是这样的人。他们因为爱社会，会无私奉献出自己的资源，为了让整个社会更加和谐而做出努力；他们因为爱自然、爱人类，会用自己的一生去研究某个领域，甚至自己花钱去做某些事情。

大爱是一种高视角的爱，每个人都可以有这样的爱，并不是说人们要拿着大爱去做一些大事情才会高尚。从大爱出发，去做一些力所能及的小事情也是一种高尚的表现。

英国有一位著名的孤独症专家叫洛娜·温，因为她对孤独症的研究和做出的贡献而享誉世界，成为医学界一位高尚而伟大的人。她曾说："我希望能够长寿，以便我能够看到孤独症潜在的神经病理学之谜得以揭开。"从她的这句话里，可以看出她对孤独症患者的爱和对孤独症治疗的专一。对于大多数医生来说，他们也希望长寿，但目的是为了享受美好的生活，或者陪伴亲人更长的时间，也是对亲人的一种爱。但这种爱与洛娜·温的爱显然不是一个级别的爱，导致的结果及对自身的影响也不尽相同。后者会采用各种方法保持自己身体的健康，爱只局限于自己的亲人范围；前者除了保证自己身体的健康让自己活更长的时间外，把更多的爱给了世界上的孤独症患者以及这个专业的研究，从而使自己更加高尚。

大爱不是一蹴而就的，那些有大爱的人也并不是一开始身上就具备大爱的基因，而是由某些小爱促就。洛娜·温也是如此。她的女儿苏珊出生于1956年，那时候她和丈夫对孤独症毫无了解，甚至没有听说过，整个医学界对孤独症的研究也非常有限。女儿在三岁的时候，她带着女儿坐火车回家，对面也坐着一位母亲，抱着自己六个月大的孩子。那个孩子指着窗外的风景，然后回过头看了看自己的母亲，希望引起母亲的注意。那时，她觉得这个小孩怎么这么聪明，而自己的女儿苏珊已经三岁了，可从来没有过这样的举动，难道是苏珊生病了吗？她越想越担心，一阵寒意不禁从心底袭来。

随后，她带着女儿去医院做检查，被确诊患有儿童孤独症。尽管当时她和丈夫都是神经领域的医生，但对孤独症依然一无所知，不知道这个病究竟是怎么回事，一时间他们陷入了深渊，不知道如何是好。

由于对女儿苏珊的爱，她没有长久地陷入痛苦之中，而是改变了专业方向，开始研究起儿童孤独症，并下定决心要改变那些和苏珊一样的孩子的命运，让所有孩子都远离孤独症，让患上孤独症的孩子尽快治愈，还他们快乐的童年。为此，她在1962年建立了世界上第一个孤独症协会——英国全国孤独症协会，目的是提高孤独症儿童及成年人的教育和其他服务水平，促进专业人员和公众对孤独症的了解。

首先，她从女儿苏珊身上进行学习，这样既可以帮助她对孤独症有更多的了解、认识，方便她对这个领域的研究，同时还可以对女儿有更多的了解，引导女儿向好的方向转变。不幸的是苏珊在2005年意外身亡，年仅49岁。

她和丈夫非常难过，她说："我们非常难过。我们曾经如此接近她。虽然她无法表达自己的感情，但每当你回家时，你会发现她的脸上马上明亮起来。那种感觉绝对是美妙无比的。"

之后，她将对女儿的爱全部转移到了孤独症患者身上，并成为世界上孤独症领域的领军专家。2008年汶川大地震后，她是第一个向这一群体以邮件的形式发来慰问信的外国专家。显然，这时她的爱已不仅仅局限于亲人、朋友之间，而是整个世界，这便是大爱。

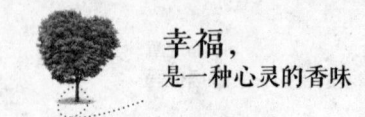
幸福，
是一种心灵的香味

事实上，当下有很多企业家以及公益人士，比如为灾区捐款，在穷困地区建立希望小学，他们的大爱不仅帮助了他人，也促进了社会的和谐稳定。再比如我所从事的这个行业，目的是让人类更加健康地活着，因此人们更加喜欢我，使我的工作越来越好做。

所以说，大爱是一种不求回报的付出，如果你怀着索求回报的心态去表达你的大爱，那么，你可能不但得不到回报，而且对个人来说也没有高尚可言。

心灵因博爱而健康

有一次与业界一位知名人士聊天，我说了这样一句话："朋友应该真诚地对待彼此，如果你付出自己的真诚，就可能赢得朋友的真诚，这才是一个健康的心灵。"

当然，有时候你付出自己的真诚对待朋友，并不一定能够得到朋友的真诚回馈，但这只是个别例子，对方的行为不符合人类交际的一般规律，所以我们大可不必为此纠结。

在心理学上有这样一条铁律：你想让对方成为你的朋友，首先你要成为对方的朋友，心要用心去交换，感情要用感情去换取。通俗地讲，这条铁律所告诉我们的就是一个人要博爱，而不要小心眼。

多年前，我刚参加工作进入一个新公司，和某些老员工熟悉之后，他们会告诉我谁谁是多么不地道，谁谁是多么小心眼，谁谁是多么狡猾，让我多加小心，等等。随后很长一段时间，我便会戴着有色眼镜去看待某些同事，交际中时刻有一种提防的心理。随着时间的推移，我发现他们并不像那位老员工说的那样，相反因为我的提防和怀疑，和同事之间的关系往往不是很紧密，影响了工作进度，更重要的是在这种状态下，心里总觉得很不舒服。

之后，我改变了自己，调整了心态，不再戴着有色眼镜去看他们，以真诚的心态与他们沟通交流，彼此之间的关系越来越紧密，工作也越来越好做，更重要的是我的心里越来越畅快了。

这便是博爱的魅力。如果一个人一开始就觉得某些人有问题，那么他就会带着或多或少的敌意或者猜忌与其沟通，沟通效果往往会很差。在佛经中有这样一句话："佛心看人，周围遍地皆佛；鬼心看人，则处处都是鬼影幢幢。"如果一个人带着敌意去看待整个世界，世界所回馈给他的也是敌意。也就是说，一个人的敌人多数都是自己树立的，你得不到爱是因为你没有给世界爱。只有博爱的人才能升华自己的品质，心灵才会健康。

现实生活中我们经常会遇到这样一类人，他们对人对事总是一副凶神恶煞的样子，仿佛全世界都是他的敌人。深入了解这类人，你会发现他们其实也没有多大的本事，不管是做人还是做事都没有太大的成就，更重要的是他们的生活过得很不快乐，处处碰壁，事事挫折。这便是缺乏博爱心态的一种表现。

有人可能会想：在当今这个弱肉强食的社会，你真诚地对待别人并不一定会得到好的回报，而且往往还会使自己吃亏，博爱对自己一点好处都没有。诚然，人是一种自私的动物，这是人的本性，无法改变。如果我们单纯幼稚地去博爱，自然会出现很多问题，甚至有人会说你是傻子。我这里所讲的博爱，是用一种爱世界的心态按照社会规则去处理某些事情。首先，博爱的心态可以打开你的心灵，赢得他人的好感。其次，按照社会规则去做事，可以避免自己上当受骗或者白白付出，这样自然就不会吃亏。博爱更重要的是让你有一个健康的心灵，提高个人境界，与做事并没有直接的关系，并不是说由于博爱就可以毫无底线地相信对方，不签合同就去做生

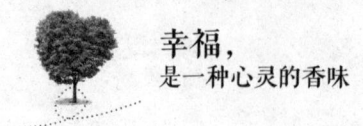
幸福，
是一种心灵的香味

意，这显然是不对的。

有人可能会问："别人伤害我了，难道我还要对其博爱吗？"不错，如果你还能够友善地对待伤害你的人，反而显得你更加大度，有魅力，格局要大于他人。也许那些伤害过你的人也会因此而感到羞愧自责，说不定还会报答于你。

在北美洲有一种鸟叫墨西哥蓝鸦，它们的繁殖速度很快，但天敌非常多，一不小心就可能被天敌连窝端。所以，为了应对这种恶劣的自然条件，蓝鸦总是群体生活，十几只蓝鸦组成一个小群体，将巢穴安在茂密的大橡树树冠下，这样可避免被天敌发现。但小蓝鸦的叫声依然会招来天敌，尤其是在它们饥饿的时候会不断发出叫声。为了解决这个问题，老蓝鸦必须用食物一刻不停地堵住小蓝鸦的嘴。

当小蓝鸦的父母出去寻找食物的时候，其他成年蓝鸦会发挥各自的博爱精神，担当起照顾小蓝鸦的工作，如同照顾自己的孩子一样，使其个个嘴里都含着食物，不再发出叫声。

正是因为蓝鸦的博爱，才使得它们能够安全地躲避天敌，在这样的恶劣环境下幸存。人类其实也是如此，博爱会让一个人变得强大和无敌，这是一种情操，也是一种修养。懂得博爱的人，心灵会更加健康，生活会更加幸福。

解开爱情的枷锁

爱情是一个非常美妙的东西，它可以让我们笑，让我们哭，让我们幸福，让我们痛不欲生。对有些人来说，爱情是魔鬼，而对有些人来说，爱情却是天使。那么，爱情到底是什么呢？我们不妨来

第二章
爱的密码——感悟仁爱

看看歌手王菲的歌曲《因为爱情》中是怎么说的：

给你一张过去的CD
听听那时我们的爱情
有时会突然忘了我还在爱着你
再唱不出那样的歌曲
听到都会红着脸躲避
虽然会经常忘了我依然爱着你
因为爱情不会轻易悲伤
所以一切都是幸福的模样
因为爱情简单地生长
依然随时可以为你疯狂
因为爱情怎么会有沧桑
所以我们还是年轻的模样
因为爱情在那个地方
依然还有人在那里游荡人来人往

在这首歌词中，我们可以看到爱情使人类生活呈现的某些状态。对爱情拥有正确认识及理解，能够让我们的生活更加幸福，质量更高，动力更强。而对爱情的错误理解与认知，会给自己套上一个无形的枷锁，让自己痛不欲生，甚至失去生命。

在南京就发生过这样一件事情。一对非常恩爱的小情侣由于家人反对他们在一起，于是商量一起跳河自杀。两人做出这个决定之后，便来到南京长江大桥上面，两人一跃而下。最终，女孩失去了生命，男孩被抢救了过来。对于这件事情，如果你认为他们的举动是对伟大爱情的见证，是对爱情的忠贞不渝，那说明你的爱情观还

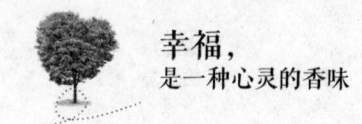

幸福，
是一种心灵的香味

很幼稚，心灵还不成熟，甚至可以说是不健康的。

爱情作为爱的一种，每个人都应该拥有，但不可固执地去看待。爱情是为了让我们的生活更加丰富，让我们的心灵更加幸福，这是爱情本身的价值。如果因为观念问题将它演变成套在身上的枷锁，那它就失去了该有的意义。

一个男孩和一个女孩，他们都在外地打工，男孩非常爱那个女孩，不久他们便走在了一起。一段时间后，女孩觉得男孩不适合自己，于是提出了分手，但男孩却不愿意分手，使用各种方法来挽救他的爱情。

不得已，女孩回到了老家，男孩经常给她打电话诉说对她的爱，女孩找借口说家里不同意自己和他在一起。爱情有时候真的让人不可思议，女孩越是拒绝男孩，男孩越是想和女孩在一起。经过长时间的沟通与交流，女孩仍然以父母不同意为由表示不愿和男孩在一起。

随后，男孩做出了一个非常残忍的行为，他找到了女孩的家，晚上拿着一把刀趁女孩父母熟睡的时候，杀害了他们。那天晚上女孩去同学家玩没有回来，才避免了杀身之祸。

后来男孩被警方抓获，问他为什么要杀害女孩的家人，男孩说："因为爱情。"

真是荒谬至极，想想都让人不寒而栗。男孩对女孩的感情是爱情吗？是，但这是一种畸形的爱情。因为男孩对爱情的错误认知，幼稚地认为只要自己爱女孩，经过自己的努力女孩就会爱上自己，并能够走在一起，而把自己关进了一个没有出口的囚笼，套上了一把解不开的枷锁。

爱情是两个人的事情，如果仅仅是你爱对方，而对方不爱你，这不能称作爱情，只能是一种单相思。而且爱情不是一种索取，不能认为我爱你，你就得爱我，我为你付出了，就应该得到你的回报。这也不是爱情，而是一种交易。以上故事中的男孩便是如此，固执地认为自己付出了，就应该得到女孩的回报，从而导致了惨剧的发生。

　　真正纯洁高尚的爱情是一种不图回报的付出，不要求回报与自己的付出相匹配，它是以对方幸福为前提条件的一种爱。比如古代诗人陆游的爱情，现代诗人徐志摩的爱情，都能够给人一种伟大而高尚的感觉。

　　爱情是自由的，我们需要自由地去爱，不要因为心胸狭窄的爱而让自己郁郁寡欢，打开心扉不图回报地去看待爱情，这样便会解开爱情的枷锁。

第三章

生活的艺术——生活不止苟且

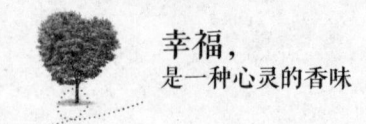

幸福，
是一种心灵的香味

既然生，就要好好活

有人说："生，容易；活，容易；生活不容易。"的确，每个人都想幸福地生活，美好地活着，但是真正认为自己生活幸福的人却总是很少。有太多的人总是被生活所困，有些人为了生活不得不背井离乡，干着苦活累活；有些人为了生活要不断地承受他人的流言蜚语，蒙受不白之冤；有些人为了生活早出晚归，没有节假日地努力工作。总之，生活确实不容易。

尽管生活有这样那样的不如意，但我们还是要活着，原因很简单，既然生，就必须好好地活。除此之外，别无选择。

生命真的是一个非常脆弱的东西，活了这么多年，有太多的亲人和朋友从身边离开，不是因为这病就是因为那病，或者因为心理不够健康而选择结束自己的生命。经历的事情多了，就会对生命和生活有一个更深入的认识。比如我一个很不错的朋友，上个星期还在一起喝茶聊天，一个星期之后就听到她因为肝癌走了，年仅58岁。每每想到这件事情我都无比难过，一方面是对她生命的惋惜，另一方面是出于职业习惯，对人体健康的担忧。

人的一生可以分为三个部分，生命、生存和生活。从婴儿呱呱坠地的那一刻开始，生命便与之相随。既然有了生命，人便有了生存的权利，我们就必须学会了解环境、了解规则、团结互助，这些都是生存的基础。而生命和生存，都是为生活做铺垫，随着年龄的增长，我们开始上学、步入社会、工作交际、结婚生子等，这便是生活。这是一个循序渐进的过程。生活可以说是上天赠给我们的一大笔财富，但是，当下的大多数人真正达到良好生活状态的却极少。

那么，我们如何才能达到良好的生活状态呢？

首先要做的便是好好活。很多人对生活有太多的抱怨与不满，工作中挑三拣四，抱怨领导的独裁；在家中抱怨妻子没有教育好孩子；等公交车时抱怨车迟迟不到，等等。显然，这不是一个人好好活的状态，因为抱怨与不满，严重影响了他的生活质量，他的生活过得很不快乐。

我们不妨问问自己，对生活这样那样的抱怨与不满，对于自己来说有意义吗？除了能够让相关人听到你的抱怨与不满之外，丝毫不能改善你的生活质量，反而会让自己陷入深深的愁思当中。当然，抱怨与不满是一个人正常的情绪发泄，但是我们不能无止尽地陷入其中，让其随意影响个人的生活质量。

我们无权选择生死，生命是父母给予每一个人的，我们生在这个世界上，就要对得起父母，对得起自己的命，在生活中做一些更有意义有价值的事情，让自己的生活更加精彩。

对于自己的生命，我们始终要抱有一种感恩的心态和负责的态度。当在生活中遇到一些不如意的事情时，想想自己的父母，想想自己是一个活生生的人，为什么不能够好好地活着呢？

当一些机遇与我们擦肩而过，或失去某些东西的时候，打开自己的心灵，要明白得到或失去，都是一件很正常的事情。与其想不开纠结，不如好好地活着迎接新的机遇和挑战。

我有一个学生，曾经给我写过这样一封信。她告诉我，她毕业已经6年了，这6年中她经历过残酷的生活、家庭的劫难以及各种不利的意外和磨难考验。毕业第一年，她去外地工作，由于领导亲

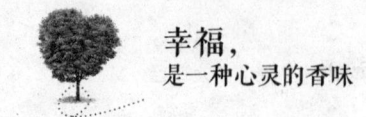

幸福，
是一种心灵的香味

戚要进公司，她被无缘无故地辞退了。她没有说什么就离开了。

毕业第二年，她遇到了心中的白马王子，随后他们以闪婚的方式开始一起生活，还生了一个女儿。可是在她毕业的第三年，丈夫因为第三者离开了她，留下她和她的女儿独自生活。

此后，她转行换了新工作，努力地活着，努力地证明着自己的幸福，努力让自己和女儿得到更多的幸福。

她告诉我，这6年当中虽然经受了很多磨难和意外，但她从没有放弃生活的想法，她觉得，既然自己活着，就要好好地活着，要对得起自己的生命，要对得起自己的女儿，更要对得起自己的父母。反而是那些磨难挫折，更加坚定了她好好活着的信念。

读完她的来信之后，我感到非常欣慰，经历了这么多的事情还能保持这样一个生活的心态，瞬间让我对她刮目相看。

既然生，就要好好地活，这是一种对生命的态度，也是一种信念。积极的心态，乐观的精神，饱满的情绪，有了它们，我们每个人都可以活得很好。

生活是一种心情

人生如梦，岁月如流水，一晃而过。对于没有太多阅历的人来说也许暂时无法体会到这句话的意思，但对那些有着丰富生活阅历、经历很多风雨的人来说，他们深知岁月的无情与生活的无奈，才发现人活着其实就是活一种心情。

在生活这个大舞台中，有些人曾经获得很多荣耀，得过很多奖，同样也可能受过很多屈辱，被他人鄙视过；有些人曾经富甲一方，家财万贯，同样也可能一穷二白，生活窘迫过；有些人曾经一夜成名，功成名就，同样也可能名落孙山，一蹶不振过；有些人曾经爱得轰轰烈烈，同样也可能会恨得咬牙切齿；有些人曾经得到了很多，同样也可能失去过很多。但不管怎么样，对于生活来说，这一切随着时间的流逝都将会是过眼云烟，只要心情好，一切才都会好。

生活应该是快乐和幸福的，这样我们才能感受到生活的价值。而决定生活快乐幸福与否的主要因素便是心情，有了一个好的心情，我们会觉得每天的阳光都是灿烂的，即使遇到一些不愉快的事情，我们也会快速地将其化解，而不是不停地抱怨。同时，因为有了好的心情，当我们开心的时候会把快乐主动分享给身边的朋友，从而让自己的生活多姿多彩。

生活中你遇到的所有事情最终都将过去，无论是好的还是坏的，都会被时间悄悄地带走，唯一带不走的便是你的心情。有人说："身无求而安宁，心无欲而神宁。"但是，现实的世界有太多的诱惑，这就使得更多的人有太多的欲望，生活在名利得失之下，因为欲望太大，当得不到满足的时候，他们便开始痛苦，从而影响生活的质量。一个懂得生活的人对所有事情看得都比较淡，因为他明白，只有这样他才能保持好的心情，保证高质量的生活。

当然，淡泊名利不是不求上进、无所作为，也不是没有理想没有抱负，而是对事物的一种平和与宁静的心态，一种坦然的生活方式。

我有一个朋友，大学毕业之后便开始为了工作整天忙忙碌碌，每次见到他都会向我抱怨找不到好工作，找到工作之后又抱怨工作如何不如意。后来他有了女朋友，结婚生了孩子，生活的压力越来越大，再次见到他的时候依然会向我抱怨每个月房贷要还多少，平时生活费用要多少等。

总之，每次见到他的时候，他都会向我抱怨一些生活中的琐事，

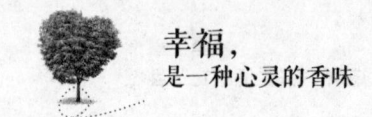

似乎他的心情永远处于沉闷状态，没有开心过一天。

多年之后，我再次见到他的时候，他的生活状态依然没有改变，生活的心情依然如故，改变的只是他的白发多了很多，皱纹长了不少。作为朋友，看到他这种状态很是怜惜，于是我邀请他免费参加了我的课程，想通过我的授课来改变他对生活的态度。经过三天的课程培训，他的心情开朗了很多，抱怨也少了很多，对生活的态度变得积极了很多。

一个人的喜怒哀乐与心情有着直接的关系，好的心情会修炼心灵，脸上会洋溢着灿烂的笑容，即使面对再大的困难与挫折也能够微笑着去战胜。

人生如酒，里面饱含着酸甜苦辣，只要我们活着，就会有快乐与痛苦，就会有烦恼和忧愁，就会遇到困难和挫折。快乐是一种生活，痛苦也是一种生活。

热爱生命就要热爱生活，热爱生活就要保持一种好的心情，对自己与朋友宽容一些，对有些事情看淡一些，保持一种积极向上的心态，即使在磨难中也要保持好的心情，寻求生活的真谛。

放平心态。不要对一些小事斤斤计较，也不要长时间纠结于一件事情，放下抱怨，坦然地去看待得失荣辱，这样你就能一点点地达至上善若水的境界。

做心情经营者。有句话说得很好："让别人舒服，你就是经营者；别人让你舒服，你就是消费者。"而我们要做经营者，这样我们才能主宰自己的心情。

接受磨练。不要为了保持一个好心情而刻意地去躲避一些困难、挫折或者问题，淡然地去面对，客观地去处理，这样才能够很好地修炼自己的心灵，让自己更优秀。

学会放下。心灵的修炼不是为了得到，而是为了放下。放下一些困扰自己的事情，心情自然会有好转。

带着善意去生活。善良是好心情的种子，当别人帮助你的时候，你会感激对方，心情会好很多；当你帮助别人的时候，听到对方的感谢，心情马上也会好很多。这便是善意的魅力。

生活本来很简单，只是被人们想复杂了。有些人已经走远，而我们却依旧恋恋不舍；有些事情已经过去，而我们却仍然耿耿于怀；有些时候明知道是怎么回事，而我们却依然会固执地骗自己。放下该放下的一切，努力该努力的一切，人生很短，生活很简单，修炼一种良好的心情，这便是生活的真谛。

活在当下才是真

山上有一座寺庙，庙里住着一个老和尚和一个小和尚，小和尚每天的工作是挑水做饭打扫院子，老和尚则是每天烧香拜佛，诵经打禅。就这样，小和尚和老和尚安稳地生活着。可是到了秋天，小和尚每天扫院子就成了一件非常麻烦的事情。早上刚刚打扫干净，一阵微风吹过，叶子又落了一地。每天扫院子占据了他大量的时间，这让他头疼不已。

一天他下山化斋，将他的苦恼告诉了一个年轻人，年轻人说："你明天扫院子的时候先把树摇一下，把落叶统统摇下来，这样你就轻松多了。"

听了年轻人的建议，小和尚觉得这是一个好办法。于是第二天很早便起床，来到院子使劲摇树，将落叶统统摇了下来，他想，今天只要扫干净，明天就不用扫了。

到了第三天，小和尚来到院子一看顿时傻眼了，院子里依然落

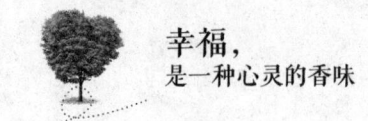

幸福，
是一种心灵的香味

了很多树叶。这时，老和尚走过来说："不管你今天如何摇树，明天要落的叶子依然会落下来。"

这时小和尚明白了一个道理：生活中有些事情是无法提前的，只有活在当下才是真。

大多数人的生活重心都有两个，一个是过去，一个是未来。有些人总是喜欢留恋过去的美好，过去的幸福；而有些人总是喜欢展望未来，总是想着未来自己会成为什么样的人，有点做白日梦的感觉。这样，因为太过于留恋过去或者展望未来，而忽视了当下，浪费了很多时间与精力。

昨天已经过去，明天还没有来临，活在当下，做好当下的事情才是最重要的，才有助于让我们的生活变得精彩。也就是说，昨天、明天都是虚幻的，只有今天才是生活中最真实的时间。

有人可能会问："那我们是不是可以今朝有酒今朝醉，管它明日喝凉水呢？"当然不是，这是享乐主义的生活观念。我所倡导的活在当下是不被过去和未来所束缚，认真做好当下的事情，珍惜眼前所拥有的一切，不要因为昨天和明天而耽误了今天。

记得有一次我去杭州开课，住在一个酒店，这个酒店的风景特别好，楼后面有一个花园，园里有一个小湖，湖中有一座假山，周围树木郁郁葱葱，甚是美丽。我在白天看到这样美丽的风景之后，就决定晚上讲完课去逛逛。

晚上讲完课回到酒店，吃完饭之后我便来到了这个花园，当时天已完全黑了下来，独具一格的路灯点缀着周围的树木。月亮倒映在湖中，瞬间让我产生一种如痴如醉的感觉。

此时我突然想，我应该将这迷人的风景记录下来，于是赶紧跑去酒店拿相机。大约10分钟后我从酒店房间拿来了相机，还站在我原来的位置，可遗憾的是月亮已经升了很高，颜色也变了很多，当时的那种感觉已全然不在。当然，我也没有了拍照的冲动。

第二天，我拿着相机按照原来的时间又来到那个位置，心想应该能够再次看到昨晚的迷人风景，然而遗憾的是，这天晚上月亮并没有出来。

回到酒店躺在床上，我渐渐明白了一个道理，过去了就过去了，是永远不可能再回来的，太执着于过去，只会耽误观赏当下的风景。如同我在看到美丽风景的那一瞬间，如果我安静地享受眼前的景致，而不去酒店拿相机拍照的话，欣赏的时间就会更长一些，当下的美好也会更久一些。

一个人太留恋过去，就会忽视眼前的美。有这样一个故事，说西汉时期的刘邦做了皇帝之后，对御厨做的饭菜很没有兴趣，不管是山珍海味还是农家小菜，他都觉得不好吃。后来他想起自己在逃难过程中一个老妇人给他做的一碗粥特别好吃，于是他让人找到了这位老妇人，做了一碗和当时一模一样的粥。

然而，刘邦只喝了一口就喝不下去了。他问老妇人为什么会这样，老妇人说："我做的这碗粥和原来做得一模一样，之所以感觉不一样，那是因为您在逃亡的时候非常饥饿，所以才会觉得好吃。"

这个故事告诉我们，如果我们总是拿以前的事情和现在做比较，就很难发现当下的美和快乐，对某些事物失去兴趣，更重要的是会影响我们当下生活的精彩。过去的美好会阻碍你发现当下的美好，越是回忆过去的美好，就越难发现当下的美好。一直追忆过去，便会拉低我们当下的生活质量。

活在当下是生活的哲理，发现当下的美才是生活的重点，而美好的未来是在做好当下的基础上才能形成的。活在当下，是一种生活方式，也是一种淡然、豁达、清醒的生活态度，

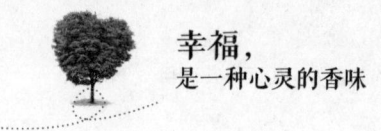
幸福，是一种心灵的香味

做一些必要的冒险

曾经有人问我，对于生活，该不该去冒险呢？如果该，当前的生活就有可能被打乱，比如你现在生活得很好，一旦冒险不成功，生活就可能变得糟糕；如果不该，当前的生活就可能一直被保持下去，不会有太大的变化。

人类生存的目的之一就是体验生活的美好，品尝人间酸甜苦辣咸，这才是真正的生活。如果我们每天只是吃喝拉撒睡玩，之后什么事情都不敢或者不愿去做的话，我认为这样的生活没有任何意义。从这个角度讲，生活中应该做一些必要的冒险。

每个人都有自我保护意识，面对生活中的种种险境都会下意识地去躲避，或者不愿意去冒险。然而，现实生活不是我们想象的那样没有任何风险，只要生命不息，险境就可能随时出现，你也会随时遇到各种险境。除非死亡，死亡之后什么危险的事情都遇不到，没有任何人任何事可以伤害到你。因为你已经死亡，生活中的所有问题都已经结束，没有生老病死，没有各种挑战，你将告别一切风险。

但是，人活着是有生命的，接受冒险，才能让生活中出现一些新鲜元素，丰富生活，找到新的出口。

有人举过这样一个例子，我觉得很好：当你因为害怕敌人而将自己关在屋子的时候，这时有一位朋友来找你，你是开门还是不开门呢？如果不开门，敌人进不来，但你的朋友同样也进不来；如果开门，朋友可以进来，但同时要冒着敌人进来的风险。其实这就是生活的状态，能够打开门的人，可以得到朋友，甚至还可以和朋友一起去对付门外的敌人，生活中会多很多刺激与幸福；而不敢打开门当缩头乌龟的人，永远只能将自己锁在门后面，暗无天日，生活将失去该有的色彩。

生命起源于母亲的子宫。当一只小羊还在妈妈子宫里的时候，那不是生活，仅仅是一个小生命。小羊在妈妈子宫里的时候，没有任何的风险，而且非常舒适。有科学家说，人类还没有能力制造一个比子宫更舒适的环境，单从舒适度讲，没有任何地方比得上母亲的子宫。在子宫里，羊妈妈可以提供一切小羊所需要的养分。

可是，小羊不可能永远待在妈妈的子宫中，它会逐渐长大，终有一天要来到这个世界，迟早要面对生活，失去妈妈子宫的保护。随后，它要和其他小羊抢奶吃，抢舒服的地方睡觉。随着年龄的增长，还需要寻找食物，和其他羊争夺食物等，这便是生活。而且这一切的事情都存在着一定的风险，你可能抢不到奶吃，争夺不到好的草料。如果小羊不去争夺，就要饿肚子，去争夺，还有吃饱的可能。

人类的生活亦是如此，不冒险你永远也不会得到精彩的生活，去冒险才有可能让自己的生活变得有声有色。

有一个叫翟峰的人，和妻子宏岩做出了一个让很多人难以理解的举动，他们各自都有不错的工作，有房有车，还有一个8岁的女儿。可是那一年他们卖掉了房，卖掉了车，辞掉了工作，可以说除了8岁的女儿他们放弃了所有。然后买了一艘二手帆船，用了半年的时间学会了驾驶帆船。2013年3月，他们开始了环游世界的第一步。

对于他们这样的举动，很多人表示不解：他们是不是疯了，放着好好的生活不过干吗要去受那份罪呢？甚至有些人怀疑他们的脑子不正常。但我对他们的行为却非常理解，而且非常赞同。生活就应该是这样，有些人认为坐在办公室朝九晚五回家抱抱孩子就是生活，而有些人认为寻找体验生活中的刺激才算是真正的生活，每个

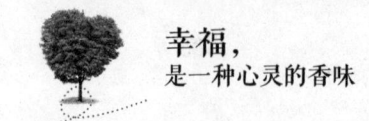

幸福，
是一种心灵的香味

人的生活观念都不同。

　　翟峰和妻子做出这样的举动要冒很大的风险，比如环游过程中遇到的各种无法预知的情况，大风大浪、鲨鱼、船坏在海中央等，他们有可能会因此而失去生命，以及环游回来之后该如何生活等。我想这些问题翟峰和妻子一定都想过，但对于持有这种生活观念的他们来说，冒这样的风险是值得的。

　　面对生活，我们每一个人都应该想一想，在自己的生命中是不是有些事情值得我们去冒险。生活始终是在变化的，没有一个人知道明天会发生什么事情，也许我们今天还在幻想未来的美好，明天就可能要面对现实的残酷，但你有没有想过，勇敢面对现实的残酷，做一些必要的冒险其实是迈向美好未来的必经之路。

享受生活

　　生活需要去冒险，但冒险也是为了更好地享受生活，不管你现在的生活怎样，是窘迫还是幸福，是紧张还是轻松，这都是生活的一部分，都应该懂得享受其中的美好。

　　生活中包含很多有趣的东西，比如自然界的树木花草、山川河流、各种漂亮的动物、奇山异石，人文界的艺术、书籍、音乐、美食，甚至与朋友之间的聊天，这些都属于生活中的一个个元素，装点着人类的生活。

　　有一次在飞机上和邻座的一位先生聊天，他告诉我最近他很烦，我问他为什么烦，他说："这次工作出了些问题，又挨领导批了，过几天马上又要给银行交房贷，整天都给银行打工了，下周老婆出差，我还要赶出时间给女儿做饭，哎呀！事情实在太多，生活真烦！"

第三章
生活的艺术——生活不止苟且

我问他:"有什么让您开心的事情吗?"

他想了一会儿说:"就一件,昨天买彩票中了 10 元钱,剩下的好像都是一些烦琐的事情。"

我说:"您看,生活中还是有美好的事情嘛!其实您说的那些所谓的烦琐事很多人都遇到过,而且也正在承受着,这是现实生活的一部分。您发现有多少人因为这些烦琐事而闷闷不乐呢?"

他又想了想说:"好像很多人都比我开心,真的很少啊。难道他们不为这些事情担心吗?他们是不是没有责任心啊?"

我说:"不,所有遇到这些事情的人都会担心惦记,而且几乎所有人都有责任心,他们之所以会生活得很开心是因为他们懂得发现生活中美好的事物,比如我现在和您聊天,您认识了我这个朋友,您应该会开心吧?"

他点了点头说:"是的,认识您我的确很高兴。"

我指着窗外的云朵说:"您看看外边的云朵是不是很漂亮啊?"他又肯定地点了点头。

我接着问:"您有什么兴趣爱好呢?"

这时的他变得异常高兴,甚至有些激动,兴奋地说:"我喜欢打球,记得上大学那会儿还是校队的呢……"接着给我讲了很多 NBA 的事情,虽然我对 NBA 一无所知,但是我可以感觉到他在讲这些的时候是一种享受。

最后我说:"您现在还感到不愉快吗?"

他微笑着说:"我明白您的意思了,谢谢您,生活中的确有很多美好的东西等着我们去享受,我只是太爱钻牛角尖,想的都是一些麻烦的事情,谢谢您的开导,我懂得了享受生活。"

这是一次愉快的聊天,也是一次让我骄傲乃至刻骨铭心的聊天。

生活的享受可分为两方面,一方面是精神层面的享受,一方面

53

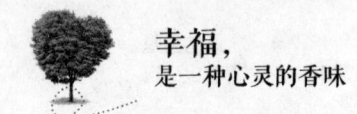

幸福，
是一种心灵的香味

是物质层面的享受。诗歌、艺术、音乐等都属于精神层面的享受；爷爷每天吸着烟斗，和朋友享受一顿丰盛的晚餐等，这便是物质层面的享受。记得小的时候，母亲给我买一个白面馒头或者一件新衣服，我就会高兴得手舞足蹈，觉得生活真是美好，甚至有时候睡觉也会笑醒。这何尝不是一种生活的享受。

享受生活本是人类的一种本质，但随着社会的发展，生活压力的不断提升，很多人每日忙忙碌碌、你争我斗、唉声叹气、杞人忧天，似乎在他们心中有的只是业绩、痛苦等。对于这类人来说，他们的享受就是占有、成功，占有一切资源、占有一切荣誉、占有更多的金钱，然而，人性本贪，当我们拥有的时候，我们还想拥有更多，在这样一种心态下，我们便会在竞争、紧张中度过自己的一生，根本无法享受生活的美好。

我经常会看到这样两类成功的企业家，他们获得的荣誉及财富几乎相等，一类企业家每天除了工作之外会打高尔夫球、钓鱼、陪孙子游玩等，一类企业家每天想着如何让自己的企业更大一些，财富更多一些，紧紧张张，忙忙碌碌。也许，后者将来会比前者拥有更多的财富，企业规模更大。但是，人生短暂，岁月匆匆，从他们的一生来看，前者的生活要比后者更有价值，因为前者才真正体会到了生活的真谛。当然，从商业的角度讲，后者才是真正的英雄。

其实，我们每个人都非常富有。我们拥有健康的四肢，拥有感受生活的五官，拥有阳光、空气、水，还有美好的艺术、爱情，以及家庭、事业。对于一个人的生活来说，这些已经足够，我们完全可以从中享受到生活的美好。

一个游客去到景区，问一个农夫："哪里的风景最好？"

农夫说："就是这里。"

游客向四周看看，纳闷地问："我怎么看不到呢？"

农夫说:"心中有风景,处处便是风景,心中没风景,走到哪里都没有风景。"

多么富有哲理性的对话!美好的生活就在我们的心中、我们的眼前,放平自己的心态,细数人间坎坷,品味酸甜苦辣,这便是生活的享受。

幸与不幸常在

生活中总有一些不幸的事情发生,当不幸发生的时候,我们的生活就会变得不完美。

有一次,我陪一位朋友去医院看病,我们前排的一位女士的女儿得了一种病,医生出来对她说:"你先交1000元的住院押金,然后我们赶紧治疗。"

这位女士面露难色地说:"我下午给您送过来行吗?"

医生有些不解:"只需要1000元就行,不用取那么多。"

女士不好意思地说:"我是去借钱,不是去取钱。"

听到这位女士的最后一句话,我心里一怔,真是不幸,这该是一个怎样的家庭呢,居然家里连一千元钱也没有。让我感动的是,这位女士面对如此的生活,依然在很积极地为女儿治病。

我有一个女学生,她的父亲在她12岁的时候就去世了,小时候她的父亲非常爱她,所以从父亲离去的那一天起,她就开始思念父亲。随着年龄的增长,这种思念之情也越来越浓越来越重,每当看到有父亲拉着孩子的手走在大街上的时候,她便会产生一种忧伤之情。父亲的早早离去使得她的童年变得不是很完美。

到了谈婚论嫁的年龄,她有了男朋友,交往了大概半年的时间,

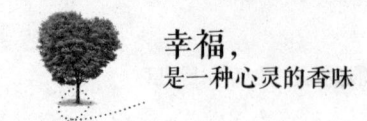
幸福，
是一种心灵的香味

对方提出了分手，理由是性格不合。她没有说什么，尽管她非常喜欢他，但最终还是和平的分手了。之后，她认识了第二个男孩，对于这个男孩，她在交往的过程中非常谨慎。一年之后，他们决定结婚。然而就在结婚当天却出了一些意外。在谈恋爱时男方的父母刚开始不同意他们交往，最后通过男朋友的说服才勉强同意。可就在举办婚礼的半小时前，男孩接到父母的电话说不同意他们的婚姻，不来参加他们的婚礼。

因为他非常爱她，面对如此的变故，两人仍然举办了婚礼，成为夫妻。结婚后一年，他们有了孩子。但由于公公婆婆不喜欢她，她和公婆的关系一直都比较僵硬。

她在向我诉说这些家事的时候，却很坦然。她说："虽然自己长这么大，有一些不幸和不完美，但我从来都没有放弃过，因为我知道，只要我认真地生活，那些不幸与不完美就不是问题。"

是的，生活中的确有太多的幸与不幸、完美与不完美。今天晚上买了一张彩票，结果第二天中奖了，那么你是幸运的；晚上出去逛街，刚走到小区门口就被一个骑自行车的人蹭伤了胳膊，那么你是不幸的；老板交给你一份工作，两天之后你完成得非常好，甚至超过了老板的预期，那么这是完美的；你参加一个长跑运动会，就差10秒就可以拿到第一名，那么，对于个人目标来说的确有些不完美。

总之，在生活中，幸与不幸、完美与不完美是常见的现象，时刻都有可能发生在每一个人身上。当幸运和完美发生在自己身上的时候，几乎所有人都会感到高兴，因为幸运，我们获得了自己想要的结果，因为完美，给我们的人生画上了一个精彩的符号。当不幸和不完美发生在自己身上的时候，大多数人的反应便是抱怨、遗憾、唉声叹气。其实很多人都知道，这是一种错误的生活心态，但是当这些事情发生的时候，依然会有很多人下意识地以这种心态去面对。

第三章
生活的艺术——生活不止苟且

那么，当不幸与不完美发生时，我们该如何摆正心态呢？

明白不幸与不完美的长存。人生在世，不如意事常八九，也就是说在生活中经常会发生一些不如意的事情，如果我们总是与这些事情较劲，那生活中就只剩下不如意了，必然会影响生活质量。所以，要理解不幸与不完美是生活中经常发生的事情。

抱怨不如行动。有一个单位的围墙因为下大雨倒塌了，领导召集干部开会讨论如何处理，结果众说纷纭，每个人都有不同的意见。有的人说要追查原因，是谁建造的这个墙，有的人说不如把围墙全部拆了统一建新的，有的人说找两个工人过来修好就行了。最后讨论了半天还是没有结果。当他们开完会走出院子的时候，却发现看门的师傅已经将围墙修补好了。面对不幸和不完美不要去抱怨，行动比抱怨更有效。

接受、适应不幸。接受不幸，然后尽自己最大的努力去创造幸运的生活，这才是做人以及生活的明智做法。众所周知马云是一个成功的商人，可是我们也知道他在创业之初每天要骑着自行车、夹着公文包一个公司挨着一个公司地去拜访，而遭遇到的大多是冷嘲热讽，甚至被说成骗子。这对于一个创业者来说是不幸的。但他没有抱怨，一直坚持着去做，现在他成功了，也就是说，他将不幸变成了幸运。

生活也应该如此，当不幸来临时，勇敢接受，然后尽力去改变即可。

健康生活

生活要幸福，更需要健康。不健康的生活方式会影响身体的健康，继而影响生活的幸福。对于生活，身体是一切之本，讲的就是

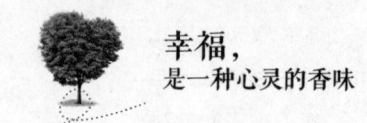

这个道理。那么,怎样的生活才算是健康的呢?

首先是饮食。饮食是一个人生活中最重要且必不可少的部分。吃喝拉撒是每个人每天都必须要做的事情。饮食是否健康直接影响着生活是否健康。

我老公有一个朋友,特别喜欢喝酒抽烟,他老婆不让他就偷着做,后来老婆允许他每天可以少喝点酒,但不许抽烟,但他还是会偷偷地抽烟。他觉得,能够让他抽烟喝酒他的生活才会变得有意思,活着才有意义。他不认为抽烟喝酒是不健康的生活方式,因为他觉得有那么多人抽烟喝酒,他们都过得很开心,就这样,他一直保持着他的这种生活方式。

2015年的清明节,那天中午他像往常一样喝了三两酒,到下午的时候,老婆和他说话,发现他说话说不清楚,再到后来,他干脆说不出话来。老婆赶紧将他送到医院做检查,结果是心脑血管疾病引发的脑梗。从这一天开始,一家人的生活被彻底改变了,在刚治疗的前几天,他还能被人扶着下床走动上厕所,过了几天不但不能说话,而且发生了偏瘫,一侧的胳膊和腿不能动弹。

治疗了一个星期之后,依然没有好转,只能出院在家里做康复训练。医生告诉他老婆,这种病主要是因为抽烟喝酒以及高血脂高血糖而引发的,病人之前本身就有高血脂和高血糖,如果平时注意控制不要抽烟喝酒,也不要吃一些含糖量高的食物,就不会恶化而引发脑梗。

从此之后,我老公这位朋友的生活被彻底地改变,每天只能躺在床上,且不会说话。原先自认为健康的生活被彻底改写。

所以,关于饮食我觉得应该注意这样几点:不抽烟,少喝酒或者不喝酒,如果有相关疾病谨遵医嘱;尽量少吃夜宵,多吃水果多喝水,多油脂的食物要少吃,根据自己的年龄、性别以及身体状况均衡分配饮食等。

其次是作息。有些人的作息时间非常混乱,工作忙的时候晚上一两点才睡,第二天中午12点才起床,不忙的时候晚上八九点便睡,早上六七点就会起床,而且非常不稳定。对于这一类人我们会发现,不管在任何时候他们的精神状态都不是很好,面黄皱纹多,做事无精打采,尤其是女性,对皮肤的伤害非常大,严重影响了生活质量,甚至还会影响寿命。

据科学研究,每个人的身上都有一个与大自然活动密切相关的生物钟,如果我们能够按照这个生物钟去生活,那么一个人的精神状态会好很多。所以,我们需要按时作息,保持良好的生活习惯,尽量让作息有一定的规律。

睡眠时间的长短是作息的重要部分,人的一生有三分之一的时间都在睡眠中度过,可见睡眠对生活的影响是足够大的。一个好的睡眠可以帮助我们较快地恢复体力,相信我们都有这种体会,劳累了一天,晚上好好地睡一觉,第二天你会觉得精神抖擞,这就是睡眠的重要性。睡眠时,植物神经系统能集中精力完成消化吸收、营养和能量的转化储备等工作。某些内分泌功能在深睡时变得更加活跃,如生长激素、松果体素的释放增加等,免疫系统也可以在熟睡中得到强化。科学家建议,一个人的睡眠时间不能低于8小时,否则会影响生活健康。

此外,还要懂得劳逸结合,适度紧张的工作对健康生活并没有损害,而过度劳累则会影响健康的生活。英国科学家贝弗里奇曾说:"疲劳过度的人是在追逐死亡。"一个人如果长期过度劳累,体内的儿茶酚胺类物质过度释放,容易引起血压升高、心血管动脉粥样硬化、心律失常、神经衰弱、消化性溃疡等疾病。此外,还非常容易引发"过劳死",这种疾病近年来相信我们都有听说。所以,工作要

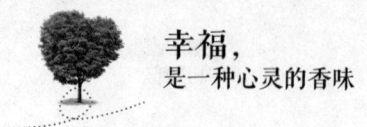

懂得劳逸结合。

最后便是运动。俗话说:"生命在于运动。"一身动则一身强,一个人的健康生活乃至生命与运动息息相关。一方面,运动可丰富我们的生活,提高生活质量;另一方面,运动可以强健我们的身体,让我们变得更健康。可以说,有了运动,我们就可以健康地生活。

要让运动促进健康的生活,需要把握两点,一是持之以恒,不要三天打鱼两天晒网地去运动,这样只会打乱你的作息时间,对促进身体健康也没有太大的作用,反而会影响你的生活质量。二是适量运动,有规律地适量运动可增强人体的免疫功能,而过量的运动会削弱人体免疫功能。

此外,要根据个人的身体情况和兴趣爱好选择合适的运动方式,这样才能起到强身健体、丰富生活的作用。

第四章

感恩之心——升华灵性

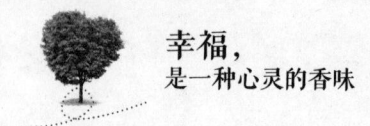

幸福，是一种心灵的香味

感恩是一种能力

关于感恩，有人曾说过这样一段话：

感激伤害你的人——因为他磨炼了你的心志。

感激欺骗你的人——因为他增进了你的见识。

感激鞭策你的人——因为他消除了你的业障。

感激遗弃你的人——因为他教导了你应该自立。

感激绊倒你的人——因为他强化了你的能力。

感激斥责你的人——因为他提升了你的智慧。

听起来有些不合常理，似乎是要我们感谢那些曾经对我们不好的人。但从个人成长发展的角度来讲，却有一定的道理。

如果没有人伤害你，你可能就不会有一个好的心态；如果没有人欺骗你，你可能会一直不够成熟；如果没有人鞭策你，你可能会一直懒散；如果没有人遗弃你，你可能就不会自强；如果没有人绊倒你，你的能力就不会有快速的提升；如果没有人斥责你，你可能就不会懂得虚心。

人都是在磕磕绊绊中长大的，没有经历就不会有成长。对于那些给我们生命带来阻碍的人，我们应该感恩他们。懂得感恩的人，会在以后的日子中更快地成长，反之，你可能会一直原地踏步。

有人认为，感恩是一件非常简单的事情，别人对自己好，自己心存感激就可以了。事实上这是一种最初级的感恩方式。感恩绝对

第四章
感恩之心——升华灵性

不是一件简单的事情，要长久地保持感恩的心态，是一种能力。

之所以说感恩是一种能力，是因为通过感恩可以促进个人向优秀的方面发展，提升个人能力。懂得感恩的人，会善待他人，会努力做好自己。我有一个同行，专门讲授关于感恩的课程，在世界500强企业做过培训，也在一些学校讲过他的课程。他是一个非常懂得感恩的人，他的每一个动作、每一个行为都充满了爱意，做任何事情都非常负责，而且很自立，性格阳光，非常招人喜欢。

有一次我们一起坐飞机，他有点口渴，于是非常礼貌地向空姐要了一杯水，空姐给他端来的时候他显得非常客气，似乎这水是他欠人家的一样，当时搞得空姐也有些不好意思，连声说不客气不客气。对于他的行为，我倒不是很惊讶，因为我知道他就是这样一个人，对谁都一样。

闲聊时我问他："你这么招人喜欢，是如何保持这样一种对谁都热情的状态的呢？"

他笑着告诉我，很早之前他并不是这样一个人，后来当了老师，研究关于感恩方面的知识、理论，才有了这种状态。他说："感恩是一种交际哲学，也是生活智慧，拥有感恩的心态除了有利于我们交际之外，更重要的是能够提升自己的亲和力和学习力，这便是一种能力。"

我有些不解地问："亲和力我倒能理解，学习力怎么说呢？"

他说："当一个人懂得感恩的时候，他的心态会变得很好，然后习惯也会跟着改变，性格也会随之改变，当然是向好的方向改变。在这种情况下，一个人的思维会更加敏捷清晰，学习力自然就会提升。"

他对感恩的理解非常到位，我也非常认同。感恩的确是一种能力的体现。爱因斯坦就曾说："每天我都要无数次地提醒自己，我的

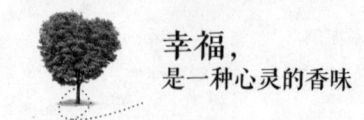

内心和外在的生活，都是建立在其他人的劳动的基础上。我必须竭尽全力，像我曾经得到的和正在得到的那样，做出同样的贡献。"

爱因斯坦正是用感恩的心态每天激励着自己，向更高的科学巅峰努力。当然，我们只是普通人，无法和爱因斯坦相提并论，也不可能像他一样做出有利于人类发展的卓越贡献。但是，我们每个人都应该像伟人学习，来推动自己快速成长壮大。

曾有这样一则报道，两个年轻人去野外冒险，误入无人区，因为无法自救最终选择了报警。救援人员冒着绵绵小雨，翻越崇山峻岭，搜寻这两个年轻人的位置，过程异常艰辛。幸运的是，救援人员花费了很大的精力，最终找到了这两个年轻人，将他们救了出来。

事后，获救者默默地自行离开了，没有对救援人员表达任何感谢之意，电话也无法联系到他们。为什么会这样？说一句谢谢真的很难吗？问题出在了哪里呢？

纵观整件事情，主要问题是这两个年轻人缺乏感恩的能力，在人类交际发展的进程中，在不断倡导和谐社会的今天，这两个年轻人因为感恩能力的缺失，可以断定，将来不管他们在工作中还是生活中都不会有太大的进展，因为他们的心态与人类交际社会发展的需求不相符。

每年11月的第四个星期四是国际公认的感恩节，让我们记住这个节日，感恩是人生最大的智慧，是人性最大的美德，是人类最高的素养，更是一个人最大的能力。

因感恩，而感动

2007年，中央电视台《感动中国》曾播过这样一个故事。故事

第四章
感恩之心——升华灵性

的主人公叫黄舸,他的父亲叫黄小勇。当我看完他们的故事之后瞬间被深深地感动了,而之所以被感动,是因为他们的那份感恩之心。

1995年,7岁的黄舸被查出患有先天性进行性肌营养不良,这种病无法治愈,一般患者活不过18岁。也就是说黄舸得的是绝症,有生之年最多还可延续11年。父亲黄小勇为了给儿子治病,卖掉了饭馆,变卖家产,花光了所有积蓄,可以说是倾家荡产。

黄小勇的事情感动了很多人,全国乃至世界各地的好心人为他们父子俩捐款寄物,生活才有了保证。滴水之恩,当涌泉相报,父子俩便是这样一种人。他们把所有帮助过他们的人详细地记录在一个笔记本上,并计划有机会去报答他们。

2003年,黄舸15岁,黄小勇为了满足黄舸观看升国旗的愿望,骑着人力三轮车从长沙出发赶往北京。在路上,他们同样又得到了很多好心人的帮助,人力三轮车被好心人换成机动三轮车。这让父子俩颇为感动。之后的一天,黄舸对父亲说:"爸爸,我们能不能利用这个三轮车完成我一个心愿?"

黄小勇听到儿子还有愿望,非常高兴地说:"你说,我一定会帮你实现的。"

黄舸说:"我想感谢一下那些曾经帮助我的好心人。"

听到儿子的这句话,黄小勇的眼睛湿润了,他被儿子的这份感恩之心所感动,决定用自己的一生来完成儿子的心愿。

随后,黄小勇拿出珍藏已久的笔记本,开始规划路线,带黄舸亲自上门去感谢帮助过他们的好心人。2003年的8月,父子俩骑着三轮车正式开始了他们的感恩之旅。他们的第一站是天津,在这里,他们敲响了第一个要感谢的人的家门,她的名字叫关绮。但让父子俩意外的是,关绮已经从这里搬走很久了。但他们没有放弃,父亲问遍了整个楼层,都说认识这个人,但不知道搬到哪里去了。父子

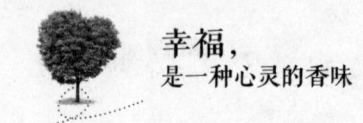

幸福，
是一种心灵的香味

俩站在楼下，一时不知道如何是好。这时，一个开小卖部的老大爷听说他们要找关绮，主动向他们打招呼，说自己认识关绮，并知道她的电话，而且主动给关绮打了电话。

没过多久，关绮打车赶到了现场，既诧异又激动，当时在场的所有人都被这种场面所感动。

就这样，父子俩一一寻找并感谢着帮助过他们的每一个人，实现着黄舸的愿望。他们骑着三轮车，用三年的时间，走了13000多公里，去过全国87座城市，目的就是感谢那些未曾谋面的好心人。

最后，黄舸在去世之前立下了最后一个遗愿，将自己的眼角膜捐献出来。

我看过这个故事已有好多年，但印象依旧非常深刻，也对感恩与感动有了更深入的认识与理解。我相信，那些主动帮助黄小勇父子俩的人不是因为其可怜，而是因为他们都有一颗感恩的心。因为有了这颗心的存在，被黄小勇父子俩的事情所感动，才做出了不图回报的善举。

对于黄小勇父子俩来说，他们也是因为有一颗感恩的心，所以才被那些好心人的行为所感动，继而开始了感恩之旅。

这是一个非常具有正能量的故事，因为感恩，因为感动，社会才变得更加和谐，人们才会变得更加互爱。

其实在生活中，我们经常会被一些事情所感动，那种感觉是美好的。比如在你生病时，一个曾经和你有过节的朋友主动来看你；当你出差钱包被偷时，素未谋面的人借钱让你坐车回家；当你去野营饥肠辘辘时，当地农妇给你端来热腾腾的面条，都会让你感动不已。

有些人只知道对方为你做的一些事情会让你感动，却并不知道这些感动从何而来，为什么会发生，甚至可能很少体会到感动。其实，感恩之心就是感动的源头。

能够让我们感动的并不一定是一些惊天动地的事情，只要我们保持感恩之心，一些看似不起眼的事情，往往也会让我们感动，让我们的心灵得到滋润及升华。早晨，当你打开窗户，阳光从外面照射进来，静下心来，你会因为美好的一天而感动。我们只要有一颗感恩的心，就会不断地被感动，从而感受到世界的美好，生活的精彩。

放慢脚步，放下杂念，拥抱感恩，这时我们会发现感动是一件非常幸福的事情。当你想要抱怨时，感恩之心会让你认为这是对自己的锤炼；当你感到孤独时，感恩之心会让你觉得你并不是一个人；当你失败时，感恩之心会重新激发你继续战斗的勇气。因为感恩，所以感动，也便有了幸福。

感恩与健康

当你看到这个标题的时候也许会有些不解：感恩与健康有关系吗？

当前，有一门学科叫积极心理学，最早是由美国前心理学会主席马丁·塞里格曼提出的，它的研究对象不仅是心理有疾病的人，更多的是一些正常的普通人。研究通过一些方式来激发他们心中的力量，帮助他们构建美好的生命，实现人生价值。也就是说，通过一些观念让一些人的心理更加健康，比如感恩的观念。

心理学家埃蒙斯通过研究表明：感恩的人会更好地照顾自己，他们会主动从事规律的运动，会健康饮食，会定期进行身体检查，这是一种保护健康的行为。这便是感恩的好处。

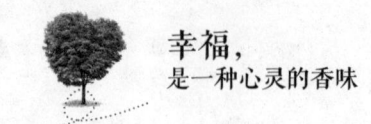

幸福，
是一种心灵的香味

比如你感恩某一个人，不是说你今天感恩他，明天就不感恩他，而是在对方未做出让你觉得不爽的事情之前，你会长久地对其心存感恩，哪怕是你已经报答过对方。在这种情况下，感恩的心态会激发你个人的积极性，产生对生命的珍惜，从而更懂得保护健康。

我有过这样一个经历，那是 2003 年 6 月份的时候，我出差去北京，一下飞机我就打车去已经预订好的酒店。到达酒店后才发现，由于自己的疏忽，下车的时候将自己的旅行包落在了出租车上，这时距我下车已经过去了半个小时。包里面装有这次出差所需的所有材料文件，还有两万元现金，可以说非常重要，尤其是那些材料，如果丢失，我这次在北京什么也干不成不说，重新再整理是一件非常麻烦的事情。

当我正准备报警的时候，接到了一个电话，是出租车司机打来的，说捡到了我的包，在箱子里看到我的名片后知道了我的电话号码。接到对方的电话我非常高兴，也异常感激，问对方在什么地方，我马上过去拿。司机热情地说："你从外地过来，想必对北京也不熟悉，我给你送过来吧。大概 20 分钟到你住的酒店。"

20 分钟后他如期到达了酒店，包里的东西完好无缺。为了表达感激之情，我随手拿出一千元钱以表谢意，可对方说什么也不要。我心里很过意不去，好说歹说，最终，对方才同意我在酒店餐厅请他吃了一顿便饭。

按理说我已经感谢过他了，心里应该平衡了。可之后我发现，自己心里依然对那位司机充满感激之情，心态也因此开朗了很多，在北京的事情也办得异常顺利。出差回到家后我先生问我："状态这么好，以前可没见过你这样啊！"我笑而不语。的确，是感恩之心更进一步提升了我的心灵。

压力可使我们生病，比如一些人整天闷闷不乐，倍感烦恼，这就是所谓的心病。当我们已经有一些身体疾病,而无法抗拒疾病所产生的压力时,病情便会加重,乃至危及生命。而感恩心态则可以帮助我们管理好这些压力,促使我们产生感激之情,以此来应付那些消极的压力。

比如当一个人犯心脏病的时候,如果整天想着会不会加重,加重之后将来怎么办,谁照顾自己,会不会危及自己的生命等,很有可能病情会朝着你想的方向发展。而如果有一颗感恩的心,心想幸亏这次来医院及时,不然真会出问题,太感谢我的家人了;真是幸运,得的只是心脏病,而不是绝症,感谢老天。这样,就会有十足的力量来对抗疾病给你带来的压力,康复也会非常快。这便是感恩对压力的管理作用。

美国犹他州大学的心理学教授曾做过这样一个关于免疫力的研究,他们给某学校一年级的 50 个学生设定了同样的压力,然后测量他们的白细胞数量。发现那些乐观、积极的学生白细胞数量基本没变,也就是说免疫力没变。而那些恐惧、悲观的学生白细胞数量减少了很多,也就是说他们的免疫力下降了。

然后对这两类学生再次分析,发现免疫力没变的那些学生之所以积极乐观,是因为他们感恩的心态较强,而另一类学生则没有。这说明,感恩心态强可以提升一个人的免疫力,让一个人更加健康。

感恩对人体健康有直接影响,我们需要培养自己的感恩心态,保持一颗感恩的心,每天暗示自己生活的美好,培养乐观的心态。遇到一些让人烦躁的事情时,先从感恩的角度去考虑,这才是最好的生活态度。

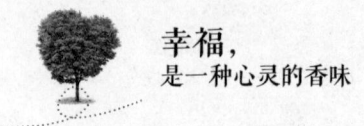

幸福，
是一种心灵的香味

感恩生命中遇到的人

　　一个人的一生中会遇到很多人，他可能只是与你擦肩而过，也可能和你只有一面之缘；他可能曾经帮助过你，也可能曾经伤害过你；他可能是你买冷饮时经常遇到的那个售货员，也可能是你坐公交车时偶尔遇到的那位司机……

　　总之，一个人的生命中会遇到各种各样的人，不管他是什么样的人，和你有没有利害关系，既然能够遇到，用唯心主义的观点讲，说明你们都是有缘人，在茫茫人海中能够遇到，实属不易。而且他们的出现丰富了我们的生活，让你体会到了生活的酸甜苦辣咸，感受到了生活的真谛。因此，我们要感恩于他们。

　　从呱呱坠地的那一刻起，我们就应该感恩给予你生命的那两个人，因为有了他们的存在，才有了你的诞生。也许他们富有高贵，也许他们一贫如洗；也许他们恨铁不成钢，脾气暴躁，也许他们和蔼可亲，对你照顾有加。无论怎样，我们都需要感恩于他们，因为你欠了他们一辈子的恩情，你需要用一辈子来偿还。

　　随着年龄的增长，我们遇到了很多小伙伴，每天在一起玩丢沙包、跳皮筋、老鹰捉小鸡等游戏。他们的出现，让你有了无忧无虑的童年，每天都在快乐地成长。也许，对方要吃你手中的糖，被你拒绝而使对方生气过；也许你要玩对方的玩具，对方不给而说对方是小气鬼。但是，当我们慢慢长大，再去回忆那些事情的时候，它们都会成为我们最美好的记忆。

　　因为有了这些记忆，我们的童年才更加完整、精彩，与众不同。当在花甲之年和对方谈起这些事情的时候，你一定会异常感动。所以，我们要感恩童年的那些小伙伴们。

　　在学校我们遇到了老师，老师教会了我们识字，教会了我们算

第四章
感恩之心——升华灵性

数,教会了我们写作,教会了我们如何才能知书达理,他们是我们的心灵工程师,因为有了他们,我们才适应了这个社会,更快地融入社会,并且有了生存的技能,甚至有了我们今天的成就,不至于被社会所淘汰。所以,我们要感谢传授给我们知识技能的老师。

同时,我们还遇到了很多同学:一起画三八线的那个女孩,一起上晚自习的那个哥们,一起逃课去打游戏的那位闺蜜,一起接受老师批评的那位兄弟,为了不挂科而一起开夜车的那些舍友,等等。当你回想到那些年那些事的时候,你会是怎样一种感觉呢?

虽然在当时来看,有些事情是一种叛逆行为,但放在今天来看,你一定会感到美好甚至骄傲,是他们让你的学习生涯有了更多的回忆,和你一起释放青春的骚动。所以,我们要感谢和你一起玩一起闹一起学习的同学们。

走入社会,我们有了爱情,他(她)就像天使一般,第一眼就可能让你怦然心动,让你情愿拿出自己的所有来表达对对方的爱慕和忠诚,于是,我们坠入了爱河,懂得了爱情。

当然,有些结局是甜蜜的,有些结局是痛苦的。他(她)可能只是陪你走了很短的一段路程,也可能会陪你走完一生。他(可能)曾让你伤心难过,他(她)可能曾让你手舞足蹈。但不管结局如何,我们都应该感谢他(她),是他(她)让我们长大,让我们懂得了爱情。

进入职场,有些人给了我们事业发展的机会,有些人阻碍了我们事业的进步;有些人帮助我们提高了工作技能,有些人经常会给上司打小报告,来诋毁我们的能力;有些客户说一不二,非常讲信用,有些客户朝三暮四,时常反悔,让你头疼。

但不管他们是什么样的人,我们都要感谢他们,那些给我们机会、帮助我们成长、和我们合作愉快的人,让我们获得了不错的业

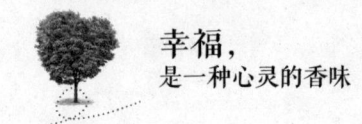

幸福，
是一种心灵的香味

绩，取得了成功，工作能力更加出色；那些阻碍我们事业进步、经常向上级打小报告、不讲信用的人，磨炼了我们的意志，让我们懂得了社会的现实，使得我们做事更加谨慎，更加适应当前的社会。所以，我们要感谢他们。

……

一个人的生命中还会遇到很多人，是他们让我们明白了世间的真、善、美与假、恶、丑，是他们让我们对人有了更多方面的了解，锤炼了我们的心态，深化了我们的思想。

不管你遇到的是敌人还是恩人，抑或是陌生人，请用感恩的心去感谢他们每一个人，感谢他们出现在你的生命中，当你能够做到这一点的时候，你的灵性便有了升华。

感恩你的父母

有一次，我们公司要招聘一位区域经理，经过人事部的初步筛选后确定了两位人选，让我做最后的面试和决定。

这两位都是年轻人，从简历看，他们大学毕业不久，学习成绩也非常不错，还有过一段相当好的社会从业经验。一个姓王，一个姓李，我们暂且就叫他们小王和小李吧。

第一个进来面试的是小王，我问他："你在学校拿到过奖学金吗？"

小王："有时候会拿到。"

我："大学学费谁给你出？"

小王："父母给我出。"

我："你父母是做什么工作的呢？"

第四章
感恩之心——升华灵性

小王："我父亲是一个农民，母亲是售货员。"

我："把你的手伸出来让我看一下好吗？"小王伸出他的手，白白嫩嫩，显然没有干过什么活。

为了进一步确定我的判断没错，我继续问："寒暑假的时候你帮父亲干过农活吗？"

小王："没有，父亲不让我干，他说让我好好上学，这样以后才会有出息。"

我："你回家给你的父亲洗一次手，然后下个星期一再来见我吧。"就这样，小王高兴地走出了我的办公室。

第二个进来的是小李，我问了他同样的问题。小张的父亲是一个出租车司机，母亲在一家饭店做洗碗工，大学学费都是父母出，和小王一样，一双手白白嫩嫩，没有干过什么活。我给了他同样的任务，回家给母亲洗一次手，然后下个星期一来见我。

很快到了下个星期一，小王和小李如约而至。

第一个进来的依然是小王，见到他时，能够看得出他的眼睛有些红肿。我问："告诉我你在家都做了些什么？"

小王："我给父亲洗完手后，又在家帮父亲干了两天农活。"

我："说说你的感受吧。"

小王："我懂得了感恩，没有父亲不分日夜地干农活，就不可能有我的今天。我懂得了干农活的辛苦，也体会到了父亲的伟大。"

我说："好吧，请等接下来的通知吧。"

第二个进来的是小李，我看到他并没有什么大的变化。同样，我问："你在家都做了些什么？"

小李："按照您的吩咐，我帮母亲洗手了。"

我："说说你的感受吧。"

小李："母亲不让我洗，我说这是您安排的，母亲这才让我洗

73

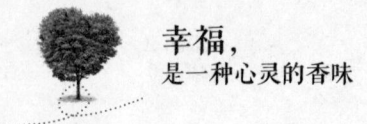
幸福，
是一种心灵的香味

了，感觉母亲的手老了很多，其他倒没什么。"

小李这样的回答，显然不能够让我满意，最后我只能放弃他，录取了小王。

录用小王的原因很简单，因为他是一个懂得感恩的人，尤其是懂得感恩父母。如今，小王在我的公司工作已有12年的时间，业绩一直非常好，每年都会有新的突破。工资从最初的每月2500元涨到了现在的年薪20万，已经成为我们公司不可或缺的顶梁柱。

父母是一个人这辈子第一个要感谢的人，他们给了我们生命，让我们有了生存的权利。从我们出生的那一刻起，父母便将所有的爱给了我们，将所有最好的东西给了我们，全身心地呵护着我们长大。不管他们现在是年轻还是年老，他们心中最最牵挂的始终是自己的孩子。

我有一个朋友来自农村，他给我讲了这样一件事情。有一年春节，他带着儿子回家过年。因为他们老家是西北的，睡觉基本上都是在火炕上。外边有一个炕眼，往里面放些干柴，然后点着，睡在上面就会非常暖和，可以抵抗冬日的严寒。

那天晚上，他和儿子睡一个炕，父亲和母亲睡一个炕，睡到半夜的时候，迷迷糊糊有两三次听到父亲从大屋出来，来到他和儿子睡的小屋，走到炕边为他们盖被子，嘴里还念叨着："冬天冷，多盖点被子，不要冻着了。"

第二天朋友向父亲说起这事的时候，父亲微笑着说："你妈晚上催促我好几次，怕你睡不习惯，这里晚上冷，让我看看你和孩子的被子是否盖好。"

朋友在给我讲这件事情的时候，我看到他的眼睛都湿润了。这就是父爱和母爱。我当时就在想，这世界上肯定没有另外一个人会如此对待他们父子俩。

第四章
感恩之心——升华灵性

母亲的爱如水,它时刻准备着滋润你干涸的心田;父亲的爱如山,它时刻准备着为你遮挡骤来的风雨。而我们,也需要怀着一颗感恩的心来对待父母,这是一个人情感的提升。

感恩升华灵魂

某小学,受到社会不良风气的影响,很多同学总是爱攀比,比吃,比穿,比家里的车、房,随着攀比心越来越强,范围越来越广,学习环境受到严重影响,家长也很是头疼。

为此,学校领导组织展开了感恩教育,以不同的形式培养学生的感恩心理,这个培训当时我也参与了。首先,我们进行了一次摸底调查,发现58%的学生为独生子女,从小被溺爱成长,什么都是自己说了算;82%的学生不知道自己父母的生日;39%的学生放学回家、外出不打招呼;52%的学生没有做过家务活。对此,我们采取了一系列培养感恩心态的措施。

首先,我们腾出一间办公室建立了"感恩学堂",里面主要宣传一些感恩的真实事迹,有名人也有普通的老百姓,比如比尔·盖茨的感恩行为,邻村村民赡养老人的事迹,以及古今中外的孝道文化,并请专人为同学们进行讲解,每个星期学习一次。

其次,我们策划了各种各样的感恩活动,比如举办感恩签名活动,谁做了感恩的事情,就将谁的名字写在上面,并挂在班级的黑板报上;举行感恩征文活动,让每个学生写一篇关于感恩的文章,评比出优秀的文章结集出版,分发给每一个学生阅读;在母亲节、父亲节时让学生们为父亲、母亲写信;在感恩节时,举行让学生们为爸爸妈妈或者爷爷奶奶洗脚的活动,等等。

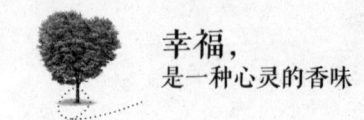

幸福，是一种心灵的香味

　　通过这一系列的教育培养，最后我发现学生们的心态变了很多，他们个个都似乎变了一个人。对这所学校的感恩教育结束后，在临走的时候我去一个曾经最调皮的学生家做客，一进门他就非常礼貌地问候我，然后端茶倒水，我和他爸爸聊天的时候，他主动去帮妈妈做饭，告别的时候他和爸爸妈妈一起将我送到了门外。这和我第一次见他时的表现截然不同，完完全全是两个人，当然我更喜欢他现在的状态。

　　灵魂是什么？相信没一个人能够说得清楚，每个人都有不同的理解。我个人认为，灵魂是个人品质的升华。伟人之所以是伟人，很多时候是因为他们的灵魂是完整、高尚的。生活中我们经常会遇到这样一类人，由于种种原因，就是不想和他们一起共事，不想听他们说话，甚至和他们走在一起都会无比难受，甚至有一种厌恶感。而和有些人在一起你会感到很舒服，哪怕不说话也愿意和他们待在一起。这是因为前者的灵魂不完善，比如他们说话经常带脏字、指手画脚，总之，就是不懂得感恩，从而让灵魂变成了畸形的。

　　人的生命是有层级的，那些完美的灵魂处在生命的最高层，而那些畸形没有得到升华的灵魂处在生命的最底层。最高层的生命眼光长远，心胸广阔，气场强大，他的一举一动、一言一行都能够让我们感到舒服。一些知名企业家在成功之后，便会开始做一些善事，比如向穷困地区捐款、修建希望学校，向母校捐钱捐书，向家乡投资建工厂等。其主要原因是他们懂得了感恩，因为感恩，他们的灵魂也上了一个层级，能够比其他人看得更远，想得更多。

　　也许有人会说他们这样做就是为了炒作，捐款、做善事并不是他们的真正目的，而是为了让自己更加出名。如果真是这样，我倒希望这种炒作能够多一些，这样平民老百姓的生活会过得更好一些。而且我认为，一个能够因为感恩而做出帮助他人的社会行为的人，即使他提供的帮助很小,他的灵魂也一定是干净的。

　　人的最终目的是向生命的最高层级演化发展,然而很多人并不知道用什么方法才能让自己的生命走向最高层级,每天浑浑噩噩,一副爱谁谁的样子。其实,感恩便是促进生命向最高层级发展的动力之一,它能够升华我们的灵魂,让我们的情感找到寄托。

第五章

梦想之路——心灵的呐喊

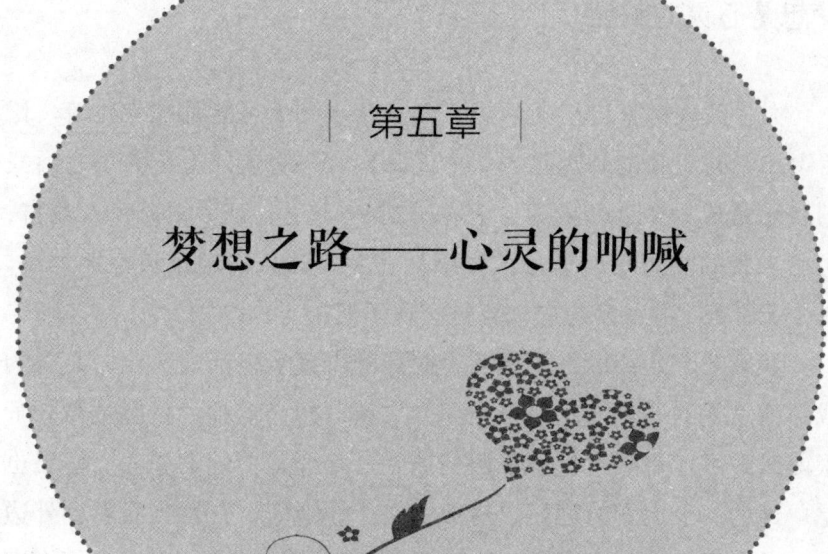

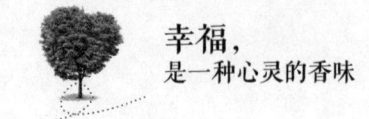

幸福，
是一种心灵的香味

梦想是心灵的呐喊

  大多数人都有自己的梦想，而且从小到大可能都在变化着。记得上小学时，我的梦想是当一个老师，教书育人；上了大学之后我的梦想是成为一名企业家，在家乡办一个企业，带领家乡人致富；再后来我的梦想是成为一位健康从业者，让人们健康长寿地生活。在今天看来，我的梦想应该算是实现了吧。

  梦想的改变并不是随意的，而是随着现实生活的变化，心灵的成熟而发生的。比如我上小学那会之所以想做老师，是感觉做老师很威风，可以受到学生的尊敬，这是一个非常单纯的想法，心灵也是单纯的；上大学时之所以想成为一个企业家，是因为我看到外边繁华的世界后，回头看看家乡人们的生活比较窘迫，所以才想在家乡办企业做企业家。那时，我已变得渐渐成熟，心灵也在逐步地成熟；再后来之所以想从事健康行业，是因为我看到了很多生老病死，看到了太多疾病对人类的折磨以及对生活的影响，觉得人生一世，生活健康幸福才是最重要的，这时我已变得成熟，心灵也提升到了一定的高度。

  从我自身对梦想的改变及心灵的变化来看，梦想是一个人心灵的支柱，是心灵的呐喊。一个人随着年龄的增长，阅历的提升，当心灵逐渐成熟的时候，对梦想的认知也会变得成熟。所以，心灵也是一个铸就梦想的地方。

第五章
梦想之路——心灵的呐喊

雨果曾说:"世界上最宽阔的东西是海洋,比海洋更宽阔的是天空,比天空更宽阔的是人的心灵。"他告诉我们,人类的心灵是伟大的,是宽阔的,任何东西都不能与心灵比拟。这是因为心灵是人类梦想的发源地,会让我们的梦想变得美好,同时让梦想羽翼丰满。当梦想之根在心灵深处发芽的时候,我们都会祈祷梦想赶快实现,朝着梦想的方向努力前进来证明我们的梦想,这便是心灵在呐喊。

爱默生曾经告诉我们:"虽然我们走遍世界去寻找美,但是美这东西要不是存在于我们内心,就无从寻找。"梦想是一个美好的东西,我们都希望尽快实现梦想,来体验、见证梦想给我们带来的美好。而有些人一直在苦苦地寻找实现梦想的方法,在实现梦想的道路上苦苦挣扎,却久久不能实现,处处碰壁。这并不是因为他们的梦想是错误的,而是他们的梦想不现实,个人能力与梦想不符。也有些人努力了很久,不但没有靠近梦想,而且似乎一直在原地踏步,最主要的原因是他们的梦想脱离了心灵的呐喊。

有这样一个男士,高中毕业之后考大学,因为分数有限,没有考到自己理想的大学及专业,意外地被某非知名大学的汽车专业录取。从内心讲,汽车并不是他喜欢的专业,他喜欢的是电子商务。但很无奈,面对录取通知书以及家人朋友的催促,他还是选择了接受,心想:"只要学好汽车专业,将来一样可以大有作为。"

上大学期间,他学习很好,各门功课都名列前茅,个人也非常努力,每年都拿奖学金,是同学眼中羡慕嫉妒恨的对象,是老师眼中的未来杰出之才。在学习专业课之余,他依然会自修一些关于电子商务的知识。

随后,他大学毕业了,因为学习成绩不错,专业课优秀,被一家汽车企业录用。刚开始的一年他做得还不错,但后来在工作上一直没有太大的进展,似乎自己陷入了一个漩涡之中,无法走出去。

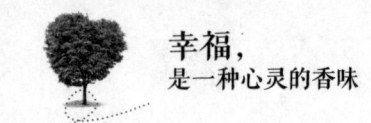

幸福，
是一种心灵的香味

两年之后，他听到大学一位同学在做电子商务，没有多想什么，便义无反顾地辞职转行，和同学一起干起了电子商务。自从从事了电子商务这个行业后，他每天激情四射，进步飞速，似乎有一股力量一直在激励着他。不到两年的时间，他和同学的企业就进入了全国电子商务企业前20名。而且他们的公司还在飞速发展中。

这位男士为什么没有在大学所学的专业上做出业绩，而在非专业领域却如此惊人呢？这是因为在他的心灵深处，一直惦念着他所热爱的电子商务行业，从来没有放下。在从事汽车行业时，他的心灵一直被压抑着。而真正去从事心灵深处喜欢的这个行业时，心灵的力量就会爆发，锐不可挡。

梦想是一种欲望，梦想是一种责任，同时，梦想更是一个目标，是我们生活的原动力，也是激发自己潜力让自己感到幸福的生活元素。

追逐实现梦想是一件幸福的事情，但一定要与自己心灵深处的那个力量相符，这样才能让梦想在心灵中生根、发芽、开花、结果。不要觉得自己的梦想很小，只要有梦想，再小的帆也能远航。

梦想是通向心灵的隧道

梦想源自心灵，同时也作用于心灵，梦想与心灵是相辅相成的，也只有这样，我们的心灵才能得到升华，梦想才能得以实现。

我认识这样一个朋友，在苏州开了一个公司，专门生产医药品。公司做得非常好，在国内医药界某些领域也是数一数二。他姓张，和他认识并熟悉的人都叫他老张。

老张出生在西北农村的一个山区，古胜名迹麦积山就在那里。

第五章
梦想之路——心灵的呐喊

老张一家有五口人,爸爸妈妈和弟弟妹妹。由于地处山区,家里的主要收入便是种地卖粮,母亲常年有病,经常要吃一种在当时看来很昂贵的药,否则会危及生命。因为那时自己和弟弟妹妹都还小,全家的生活几乎都由父亲一个人承担,况且务农收入本身就很低,所以他们的生活异常艰辛。

在这样的家庭条件下,为了让弟弟妹妹上学,他上到初中一年级便辍学回家,帮父亲一起种地,农闲时打打小工,补贴家用。然而,就是在这样艰苦的生活中,不幸依然发生了。

那是一个漆黑的夜晚,母亲突然发病,身体无法动弹。赶忙叫来医生检查,才得知母亲为了省钱,已经两天没有吃药。因为村里医疗条件有限,他们赶忙把母亲送往县城的医院。但由于山路非常不好走,等他们赶到县城医院后,医生告诉他和父亲,他们也无能为力。

他趴在母亲的床边,拉着母亲的手,从来没有掉过泪的他,在那一刻失声痛哭,他恨自己无法挽救自己的母亲,也恨自己不能买最好的药医治母亲。

那一年他15岁,母亲的离去给了他很大的打击。也就是从那时起,医药深深地埋在了他的心灵深处。他决定走出大山闯一闯,看一看外面的世界。那时,他的梦想很模糊,只是想着赚更多的钱养家。

他去过很多地方,但在选择行业的时候都会不自然地选择医药行业,我想这应该是心灵的引导吧。做了一段时间后他有了清晰的梦想,那就是开一家医药公司,制造中国最好的药。怀抱这个梦想,他在一家医药公司的业绩越做越好,成为这家医药公司的股东。

后来,他为了在企业经营中更加具有主导性,离开了原先的公司,自己筹建了一家医药公司,生产高质量高疗效的医药。

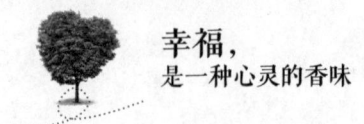
幸福，
是一种心灵的香味

有一次，我问起他为什么会从事这个行业，他告诉我，小的时候没有什么梦想，也很单纯。自从母亲离去，来到城市之后，是心灵开启了他的梦想，梦想让他的心灵更加成熟，所以他认定，这将是他一生所要从事的行业。

心灵引导了他的梦想，梦想带领他触及到了更成熟的心灵，也就是说，梦想成为他拥有更高尚心灵的隧道。

有梦想的人和没有梦想的人是完全不同的，有梦想并始终坚持自己梦想的人，做事积极，满怀激情，很少有垂头丧气或者懈怠的时候，他们待人接物的态度永远是那么恰到好处。没有梦想或者梦想只是在他脑中短暂停留过的人，往往抱着"当一天和尚撞一天钟"的心态，朝九晚五按时上班按时下班，从不浪费一分钟，工作没有上进心，生活没有动力。自然，这类人的心灵很难打开，也影响了他们心灵的成长。

有句话说得好："梦想还是要有的，万一实现了呢！"所以，我们每个人一定要有梦想，并且通过梦想成熟自己的心灵。

梦想创造奇迹

东方卫视有一个节目叫《中国达人秀》，其中有几期节目所呈现的背后故事，让我甚是感动。

有一个失去双臂的男孩子，他居然用脚弹出了美妙的钢琴曲，堪称奇迹。他的演奏让全场观众以及在座的评委都惊呆了。他在小的时候受到电击失去了双臂，但他仍然努力地活着，尽量像正常人一样生活。他从小的梦想就是做一位钢琴家，但是失去了双臂，还怎么弹钢琴呢？

第五章
梦想之路——心灵的呐喊

他没有放弃自己的梦想，尝试着用脚去弹钢琴。可想而知，用脚学习弹琴要比常人付出更多，过程更为辛苦。在那段时间，他的脚起过泡，抽过筋，但他一直没有放弃，他说："在我面前只有两条路，要么去死，要么精彩地活着去实现梦想。"

他选择了后者，经过坚持不懈的努力，终于学有所成，得到了大家的认可，成为众人眼中的"明星"。这就是梦想的力量，在一切看似不可能的情况下，只要坚持梦想，追逐梦想，就有可能创造奇迹。

当下，有太多的人只有经历过，才后悔当初没有好好珍惜那些美好，只有挫败过，才明白自己需要朝着梦想前进。然而，那时的我们已经落后于人。因此，我们始终要有一个支撑自己的信念，也就是梦想，这样才能创造出被人们称作奇迹的成绩。

如果你问我大梦想能够创造奇迹，小梦想是不是也可以创造奇迹呢？答案是肯定的。我们再来分享一个小梦想创造奇迹的故事。一对在大街上卖鸭脖的夫妻，每天起早贪黑，风里来雨里去，但一直都没有放弃过。一次，丈夫在某电视台上表演了一个让人匪夷所思的节目，他把自己扮成一头猪，然后在台上表演起了"自杀猪记"，惹得全场大笑不已。评委觉得这个节目很让人不解，于是问他为什么要来表演这个节目，他说："我是为妻子而来的，希望评委能够给妻子一次一展歌喉的机会。"

评委又问原因，他说，妻子每天跟着他风里来雨里去很辛苦，有天他看到妻子在一个桥洞下唱歌，于是他梦想着能够为妻子买一个家庭KTV，或者开一家KTV，但是以他现在的收入还办不到，所以希望通过这种方式来满足妻子唱歌的愿望。

也许你会问，扮成猪在台上表演一个连评委都看不懂的节目能算奇迹吗？诚然，对于大多数人来说这当然不是奇迹，但是对于他

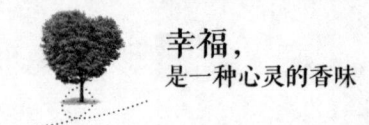

幸福，
是一种心灵的香味

的妻子来说，这就是奇迹，因为没有一个人会愿意为她这样做，况且是在一个收视率极高的舞台上。

梦想没有大小，奇迹没有标准，关键在于你是否通过梦想达到了你的人生极限。在古代，人们看着蓝蓝的天空，一定有像鸟一样飞上天空的想法；看着深不可测的海水，一定有想到海底看一看的想法；看到马跑得那么快，一定有要超越马的想法。这一切在当时看来几乎是不可能的，如果能实现那就是奇迹。然而在今天，所有这些都实现了，而这一切都与人的梦想有着密不可分的关系，因为梦想的延续，所以奇迹出现了。因此，只要你有这个梦想，并坚持不懈地去做，奇迹就有可能发生。

外国有一个男孩叫蒙迪·罗伯特，在上高中的时候他写了一篇作文，其中写道："我梦想拥有一个320公里的农场。"老师看了这些内容后，批注道："不要做白日梦，这是不可能发生的事情。"因为当时他的家庭非常贫穷，不但老师认为不可能，几乎所有人都觉得这是不可能发生的。

然而18年之后，经过不懈努力，他的梦想实现了。如果当时认为蒙迪·罗伯特的梦想不可能实现的老师和其他人看到这一结果，一定会觉得诧异，并睁大眼睛用找台阶的方式说："这真是一个奇迹！"

有一个出生在农村的男孩，特别喜欢画画，但是父母对儿子的这一爱好都不赞成，觉得画画没什么出息，坚持让其学习文化课，将来考名牌大学做公务员。但他当老师的舅舅非常支持他的这一爱好。

在舅舅的帮助下，他的画功一直在不断地提高。上了高中之后，通过一位同学的引见，他正式拜师学艺，从白描开始，临摹一些名画，并且经常一个人跑到山间地头写生。他的绘画水平不断提高，

第五章
梦想之路——心灵的呐喊

然而文化课的成绩却不断下降。参加高考时，他名落孙山。他本想再复读一年，但母亲无奈地说："孩子，放弃吧，家里实在没有能力供你上学了。"

回到家后，他一门心思学习研究绘画艺术，一年后，他的作品登载在了省级报纸上，三年之后，他被福建省福清市国家级科普教育基地聘请为老师，而且在书画界已小有名气。

有一天在给学生上课时，一位学生问他："老师，听说你只有高中学历，而且是农民出身，是真的吗？"

他笑着说："是的。"然后将自己的经历讲给同学们听。同学们听后很是激动，不敢相信眼前这位优秀的老师竟然经历了这么多波折。

梦想虽然是一个很玄的东西，但只要你怀有梦想，并坚持不懈地去追求，任何奇迹都有可能发生。我们需明白，梦想不是空想，有梦想一定要付出行动，这样才会梦想成真。

不同的选择，不同的人生

很多时候，一个人的梦想随着年龄的增长、阅历的增加是可以变化的，也就是说一个人可以只拥有一个梦想，也可以拥有多个梦想。但是，一个人的精力、时间毕竟有限，他不可能将自己所有的梦想都实现，有时候因为一些客观原因也不允许我们去实现。为此，我们就需要懂得选择梦想，选择自己的道路。

作家柳青曾说过这样一段话："人生的道路虽然漫长，但紧要处常常只有几步，特别是当人年轻的时候。没有一个人的生活道路是笔直的，没有岔道的。譬如政治上的岔道口，事业上的岔道口，个

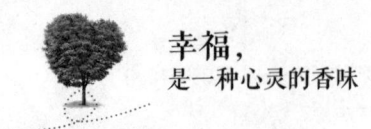
幸福，
是一种心灵的香味

人生活上的岔道口，你走错一步，可以影响人生的一个时期，也可以影响一生。"

　　人生就是一个不断选择的过程，仔细想想，似乎我们每天都要面临选择，都在选择，比如早上起来穿什么衣服，吃什么早餐，用什么交通工具去上班，逛超市的时候买什么东西，等等。而不同的选择会产生不同的结果，比如今天要开一个正式的会议，你选择穿了一件晚礼服去上班，必然会遭到他人异样的眼光；你选择早上不吃饭，那么你的胃就会受到一点点的伤害等。所有这些选择几乎我们每个人每天都在做，而这只不过是漫长人生路的一个缩影。

　　人的一生可以有很多梦想，但关键在于选择，选择对了，会很快梦想成真；选择错了，就很难成功，甚至成为空想，还会耗费自己大量的时间和精力。我之前是一个非常害怕选择的人，我有过很多梦想，在选择这个行业之前其实我想了很久，尽管这是我的梦想之一，但是我还想奔赴其他的梦想。那一年我去了海边，住了大概一个星期，把自己的人生重新梳理了一下，对自己的优势、兴趣、个性等进行了综合分析，最后我选择了健康行业。在今天看来，我的选择无疑是正确的。我想告诉大家的是，面对梦想，不要轻易地做选择，一定要对自己有了全方位的了解之后再确定，因为梦想引导的将是你的一生，而非一时。

　　选择的确是一件令人痛苦的事情，选择的方式也多种多样，有的人两利之间会取其重，有的人两害之间会取其轻，有的人会孤注一掷进行赌博式的选择，不管怎么样，选择也就意味着放弃。

　　有个笑话，说古代有一个姑娘，媒人给她说了两家亲事，村东头的一家人长得丑，但是家境富有，村西头的一家人长得帅，但家境贫穷。于是媒人问她："你想嫁到哪一家呢？"

第五章
梦想之路——心灵的呐喊

姑娘想了想说:"那就在村东头吃饭村西头生活吧。"

笑话归笑话,但却说明了一个道理,在人的一生中,选择时没有鱼和熊掌兼得的事情。一个人在选择梦想时,也是如此,你不可能同时选择两个你都非常喜欢的梦想,否则,两个你可能都很难实现。一个人的时间和精力是有限的,两个梦想都要去实现,成功的概率会大大降低。我们只能选择先去实现一个梦想,然后再去实现另一个梦想。

首先要选择有意义的梦想。什么是有意义的梦想呢?从大的方面讲,所谓有意义的梦想就是有利于人类稳定、健康、发展的梦想,对社会有贡献的梦想。比如你想成为一名科学家,像马斯克一样研究如何让人类居住在太空;比如我从事的健康行业,梦想是延长人类的寿命等,这类梦想便是有意义的梦想。之所以选择这类梦想,一方面是因为符合人类社会发展的导向,另一方面可提高自身的境界。

其次要选择较为现实的梦想。梦想太大容易成为空想,比如你现在是一个贫穷的农民,你的梦想是做世界首富。尽管你的出发点是好的,但未免有些不太现实。要根据自己的情况设定较为现实的梦想,这样我们在实现的过程中才会有动力,有盼头。

最后要选择适合自己的梦想。一千片叶子有一千种形状,同样,每个人都与众不同,个性、特长、爱好、兴趣等,各不相同。如果你的梦想和你的兴趣、爱好、能力等因素正好相符,那么实现起来就比较容易,也会有激情去做。反之,梦想实现的时间就会变得很长很长,甚至难以实现,消磨掉了自己的积极性。

不同的选择会造就不同的人生,选择正确的梦想是实现梦想的开始,选择对了,你的人生也就对了。

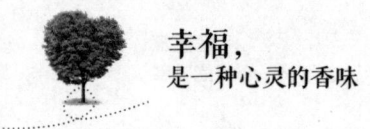
幸福，
是一种心灵的香味

追梦需要胆量

在一次讲课的时候，有一个学员问我："我的梦想是在健康服务业做出业绩，但是我已经坚持做了很久，一直都没有什么效果，我是不是不适合这个行业，是不是应该转行？"

对此，我给当时所有的学生讲了这样一个故事：

在地中海沿岸生长着一种螃蟹，人们叫它寄居蟹，俗称土蟹。这种螃蟹个体很小，每个只有乒乓球那样大，而且反应迟缓，很容易被捉到。也是在同一片海域，在深海处生长着另外一种螃蟹，叫海蟹，它们个体庞大，行动敏捷，色泽鲜亮，每一个都如同盘子那样大，营养价值高，很受食客的欢迎。当然，生活在深海的海蟹价格要比生活在海边的土蟹价格高十几倍。

科学家对这两种螃蟹进行分析检查，给出的结论是：这两种螃蟹属于同一种蟹，之所以它们的体型有很大的差异，是因为一些螃蟹在幼小的时候惧怕风浪，不敢向深海处前进，只能寄居在海边的水洼里，而海边的食物是有限的，它们只能等到每次涨潮的时候吃到食物，不涨潮它们就得饿肚子，在这种生长环境下，它们只能长这么大。

而另外一些小螃蟹很勇敢，它们不惧怕风浪，勇敢地向大海深处游去，在这个过程中，它们的体质得到了强化，而且大海深处有非常充足的食物和营养物质，所以它们的个头会长得很大，身价自然会很高。

同学们听了我讲的这个故事后，纷纷点头，似乎都明白了其中的道理。有梦想就要勇敢地去实现，没有一个追梦人能够在安逸舒适的环境中梦想成真。在追梦的过程中一定会遇到很多困难险阻，有些人放弃了，那么他们的梦想就变成了空想，永远不会实现；有

第五章
梦想之路——心灵的呐喊

些人努力坚持，用坚强的毅力去克服困难险阻，所以他们的梦想实现了。在实现梦想的过程中，我们需要用正确的心态去面对，如果一遇到挫折就选择放弃，那么在你的人生中获得成功的时间可能就会比其他人晚一些，甚至无法成功。

两个年轻人向一位当地很有名气的老人去求助，他们有着同样的问题和困惑，那就是自己有梦想和抱负，但过程很不顺利，不知道什么时候能够实现，希望老人为他们指点迷津。

听他们说完各自的困惑后，老人从口袋里拿出两颗种子，对他们说："这是两颗有灵性的种子，在三年之内，谁能够将它完整地保存下来，谁就能够梦想成真。"

两个年轻人很高兴，拿着种子回去了。三年之后，两个年轻人又找到了这位老人，向老人讲述了各自的情况。

第一个年轻人拿出一个小盒子说："您看，我将它保存在这个盒子中，放在温度适宜的地方，风吹不着，雨淋不着，非常完整，可梦想还在继续。"

老人看了看，微笑着点了点头。

第二个年轻人指着远处的一片果树，说："您看，我将种子埋在了土壤中，现在有了一大片果树，而且都结满了果子，我的梦想马上就要实现了。"

老人说："其实我给你们的是一颗普通的种子，它们的确具有灵性，但如果仅仅是守着它，永远也不会开花结果，只有勇敢地把它种在地里，辛勤地去呵护，才会有一定的成果。"

两个年轻人听完老人的话，瞬间明白了其中的道理。梦想如同一颗种子，如果我们因为胆怯，只是把它放在心里，那么它永远只能是一颗种子。只有勇敢地付出行动，梦想才会开花结果。

人们常说：人类因梦想而伟大，因梦想而产生不凡。但我要说

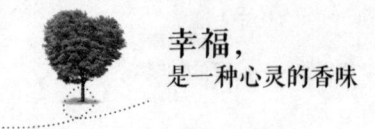
幸福，
是一种心灵的香味

的是：生命因梦想而伟大，命运因勇敢而不凡。梦想只是作用于你的心灵，对于生活而言并不会产生实质性的结果，只有勇敢地去行动了，才能够让梦想作用于我们现实的生活。

有两个贵州的大一学生，他们的梦想是去看北京的天安门，但是没有钱。于是两人各自背起40斤的行李，用了23天时间，花费220元，靠搭顺风车，吃免费农家饭，睡农家屋或者帐篷，途经四川、重庆、山西、河南、河北，到达了北京，看到了天安门。

也许有些人会说：他们这是吃饱了没事干撑的。而我要说，这是对梦想的负责，也是对自己人生的负责，更是一种人生的历练。如果他们不这样做，要么以后有钱了再去北京，要么从家里要钱或者向亲朋好友借钱去北京，那么，对他们的人生以及将来梦想的实现就没有任何意义。

实现梦想是勇敢者的游戏。梦想的实现需要勇气及胆量来推动，需要我们个人的思想做积淀。希望我们每一个人面对梦想，都能够做一个勇敢者。

每个人都是自己的"神"

在中国，神是我们民俗文化中一个虚构的事物，通常由神话故事演化而来。比如孙悟空、观世音、如来、玉皇大帝等，都被称作神。从民俗信仰来说，神是万能的，是无所不及的，比如孙悟空一个筋斗云可以翻十万八千里。观世音用一枝柳条就可以救死扶伤，如来一手便可遮天等。

在人们的信仰中，神是如此厉害，如此伟大，让我们崇拜与敬仰。而事实上，我们每一个人都是自己的"神"，我们也可以变得万

第五章
梦想之路——心灵的呐喊

能,也可以无所不及,什么样的梦想都可以去实现,关键在于我们自己的思想与行为。

有一天你要参加一个考试,会不会想对着"考神"祈祷一下比较好呢?有一天你要出去面试,是不是会想对着玉皇大帝祈祷一下比较好呢?其实,在做任何事情之前,不管你对着谁祈祷,对现状都无法改变,改变的只是你个人的心态。通过祈祷,你会觉得有神灵的帮助,或许就可以增添些许自信吧。

而我们通过其他方式也可以让自己变成"神",给自己一个微笑,微笑就会出现在你脸上,当你感到难过的时候,眼泪会不自觉地流下来。也就是说,所有一切的发生都在于自己心态的变化和思想的动荡。如果我们自身能够控制、调整这一切,一些不愉快的事情就不会发生。在追逐梦想时,我们就可以成为"神",促使自己的梦想尽快发芽。

在美国流传着这样一个既真实又虚幻的故事。有一个青年叫奥格·曼狄诺,由于愚昧无知,任性放纵,经不住现实生活中的种种诱惑,最终他失去了工作、家庭以及所有的财产,流落街头成为一名乞丐。

那时的他非常痛苦,四处寻找可以让自己翻身好转的方法,直到有一天,他得到了一本叫《圣经》的书和一份名单。看完这本书后,他有了神奇的力量,生活快速得到好转,也有了一份优秀的事业和一个幸福的家庭,取得了巨大的成功。对于奥格·曼狄诺惊人的变化,很多人认为他是得到了神的庇护,是神赐给了他力量。

在他44岁的时候,写了一本书,叫《世界上最伟大的推销员》。书的内容主要讲了一个叫海菲的放牛娃,从一个老板那里得到了10本神秘的羊皮卷,然后他按照羊皮卷的内容操作,进行创业,坚强努力、执着勇敢地做每一件事,最后成为一名伟大的推销员,建立

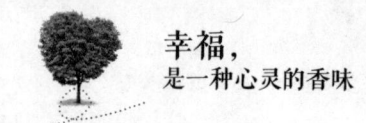

起了自己的商业王国。这本书一经出版，几乎震撼了所有人，成为一本经久不衰的畅销书。

这个故事说奥格·曼狄诺是从书中得到神奇的力量才成功的，事实上，是书改变了他的思想，拓展了他的思维，从而促使他积极地去做事。也就是说，这种神奇的力量不是神赐予他的，而是他自己给予自己的，在梦想的引导下，书点燃了他心中的力量。

《世界上最伟大的推销员》在当时影响了整个世界，奥格·曼狄诺并没有告诉我们书中的主人公原型是否来自现实生活，但我认为他一定来自于现实，因为这本书受到了业界众多人的喜欢与追捧，它的内容非常真实。美国派克戴维公司推销培训部经理 F.W. 艾利格说："终于出现了一本既为商场老将青睐又受到新手欢迎的营销书籍。我第二次读完这本书，还是爱不释手。"

对于大多数推销员来说，能够获得类似于书中主人公的成功简直不可思议，似乎只有神才能够办到。但书中的主人公不是神，而是一个活生生的人。如果你的信仰无法改变，那么你可以认为他就是神。

面对梦想，如果你总是觉得"我不行，太难实现了""梦想太大，恐怕很难实现""困难太多了，是不是该放弃呢""运气真差，还是过段时间再说吧"……那么，你心中的"神"永远不会出现。

相反，如果我们能够大胆自信地对自己说："每一天都是美好的""我喜欢我勇敢的样子""梦想已经离我不远了，一定会实现""事情办得很顺利，梦想快要实现了"……那么，"神"的力量就会从你的身体内激发，好事情会接踵而至。每个人都可以成为他想成为的那个人，每个人都是自己的"神"。

第五章
梦想之路——心灵的呐喊

打开梦想开关

人的一生要做很多事情,也要经历很多东西,这样才能构成一个完整的人生。但是,无论你做的是一件生活中不起眼的小事,还是完成你的宏图大业,在做之前都需要一种力量,打开一个开关,开关开了力量才会传导出来,如果开关不打开,就很难做到你想象的那样,而这个开关就是你的梦想。

在这个开关未建好之前,无论你做多少,结果始终是朦胧的,前路是灰暗的,甚至有时候还会迷失方向。如同营养物质对身体的作用,丰富有用的营养物质才会打开你身体的通路,活跃身体中的各个细胞,最终让你达到真正健康的级别。因此,我们不仅需要构建梦想,还要构建一个健康的梦想。当然,这里的健康指的不是身体上的健康,而是精神意志的健康。

在我从事健康这个行业之前,大概用了整整一年的时间研究个人健康与梦想的关系,那段时间我几乎像着了魔一样,几乎翻遍了所有与之相关的书籍,每天早上 8 点准时到图书馆,借书开始研读,中午用 20 分钟的时间在图书馆门前买个便当吃完又重新开始,直到晚上图书馆下班。我也曾听过上百场健康老师的讲座,听过上千段有关的录音,查遍了网络中相关的资料。也就是在那个时候,我对健康有了更深入的了解,但是,在所有这些资料中,有些只是简单提到健康的重要性,有些只是肤浅地说明了梦想对人心理的影响,总之,没有一个系统的体系。

后来,我开始研究自然医学,和我的先生一起在全球很多国家寻访名师,这一系列的学习,对我的思想产生了很大的影响。最终,我发现,我们无法将梦想与健康隔离开来,不管这里的健康指的是你的身体健康还是梦想健康,它们之间有着间接的关系。尽管我们

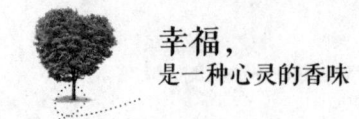
幸福，
是一种心灵的香味

在生病时会马上去寻找病因，然后找到合适的药来医治，但是如果我们把梦想与身体的病状放在一起去观察，你就会发现它们之间具有各个方面的联系。可以说，一个人的生活态度及身体状态反映了其梦想的健康状态。

分享一位我学生的故事。他找到我的时候是2008年，那时他28岁，经历了职场的失败与情场的失意之后，他告诉我他非常焦虑，心里很难过，甚至有时候有自杀的想法。听到他这样说，我意识到问题很严重，于是对他进行引导，免费让他听我的课程。

一个月之后他的情绪有了好转，心态也平稳了下来。有一天我问他："你的梦想是什么？"

他说："我要像您一样做一位心灵导师，扫除人们心里的阴霾，让更多的人健康地生活着。"

我非常高兴，说："好，那你以后就在我们这里干吧，希望你以后能够成为一名知名的心灵导师。"

就这样，他开始跟着我东奔西走，有时候是去开会，有时候是去学习，不过大多时候都是去讲课。转眼又过了两年，有一天我的助理说他离职不干了，我问为什么，助理说她也不知道，只留下一份辞职信就走了。

我也没有给他打电话，心想走就走了吧，他可能有更好更大的梦想要去实现，给他打电话问原因反而会显得有些尴尬。

一年之后，我从一位朋友那里听到了他的消息，他涉嫌诈骗被抓了，我想，不可能啊，他怎么会去诈骗呢。朋友说他冒用他人的公司开课敛财，被听课的学生举报，所以被抓了。

我这才明白，当年我问他梦想是什么的时候他骗了我，他的梦想不是做一名心灵导师，而是赚更多更多的钱。

显然，这位我曾经的学生的梦想是不健康的，这导致了他心灵

第五章
梦想之路——心灵的呐喊

的不健康,从而致使他行为的不健康。随着社会的发展,种种诱惑的凸显,生活中蕴含着太多太多的陷阱,一不小心你可能就会跌入万丈深渊,如同我的那位学生。

我们要从我们的内心寻找力量,激发驱动力,要想让它发挥出正能量,就需要构建一个健康的梦想抑或是目标,让我们避免走弯路。

我知道,面对复杂的现实社会,健康的梦想不易构建,更不易坚守,或者会耗费你很大的精力,但我认为这值得每个人去做,因为它能够让我们的身体保持一个好的健康状态和能量水平。

第六章

智慧之门——净化慧根

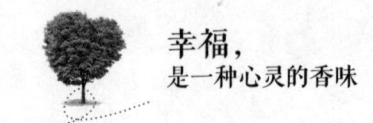

真正的智慧

什么才是智慧呢?相信大多数人都会说智慧就是聪明。那么这个答案是否正确呢?

这个答案不能说是正确,但也不能说是错误,真正的智慧并非只是聪明这么简单,真正的智慧应该是聪明的升华。

有这样一个我非常喜欢的故事。在印度有一个知名的哲学家,认识他的人都认为他是一个非常聪明的人,当然他也认为世界上比他聪明的人应该很少很少吧。

由于很有名气,经常会有一些人拜访他问一些问题,他都会圆满地给予解答。有一天,一个漂亮女孩来拜访,向他倾诉了对他的爱慕之情。女孩见哲学家犹豫了,便说:"如果你错过我,你将再也娶不到比我更爱你的人。"

这位哲学家虽然很喜欢她,但为了避免自己的选择错误,依然对女孩说:"我再考虑考虑吧!"

女孩走后,哲学家陷入了深深的思考与分析当中,到底是娶这个女孩好呢还是不娶好呢?

为了做出最正确的选择,他用了两年时间研究生活,用了两年时间研究爱情,用了两年时间研究女人,用了两年时间研究家庭,再用了两年的时间研究婚姻。最后他得出了一个结论,和女孩结婚要比不结婚更好。

第六章
智慧之门——净化慧根

于是，他高高兴兴地来到女孩家，礼貌地敲开了门，开门的是女孩的父亲。哲学家高兴地说："请告诉你的女儿，我考虑清楚了，我愿意娶她。"那个女孩的父亲冷冷地说："你来晚了，我女儿已经结婚9年了，现在是3个孩子的母亲了。"

哲学家听了伤心不已，他没有想到如此聪明的自己，竟然失去了如此爱自己的女孩，做出了如此错误的选择。哲学家回家后便一病不起，临死时将自己所有的研究成果付之一炬。

哲学家聪明吗？当然，尽管结果很悲惨，但从他做事的方式来看他是一个很聪明的人，相信他一辈子也不会上当吃亏。但他却是一个没有智慧的人，聪明反被聪明误。狐狸很聪明，但往往难逃猎人之手，为什么？因为狐狸拥有的只是聪明，而猎人拥有智慧。

很多聪明的人往往太过于自负，抬起高傲的头颅，自认为他的思维比任何人都快，他的脑袋比任何人都好用，没有人能够欺骗到他。但他们最终的结局往往都比较悲哀。

这种现象在商界非常多，有一些人，他们脑袋转得快，商业嗅觉灵敏，眼光敏锐，反应很快。当你还在思考的时候，他就能想出一大堆解决问题的方法或者赚钱的点子。相信你身边现在或者曾经一定有这样的人，但是你有没有发现，若干年后，他们都不是最后的成功者，要么依然在原先的岗位苦苦煎熬，要么已经消失得无影无踪。为什么呢？

按道理说，他们那么聪明，脑袋转得那么快，若干年后应该成为大老板才对呀！这是一个非常有意思的现象。

聪明的人，首先他的智商一定是很高的，这一点毋庸置疑。如果说聪明的人将来一定会有所成就的话，那么当下一些知名企业家的智商一定很高才对。但据相关机构调查，大多数知名企业家的智商并不高，他们并不是绝顶聪明之人。相反，有相当一部分人曾

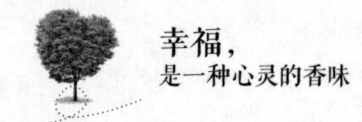

幸福，
是一种心灵的香味

经在学校学习不优秀，甚至很差，有些大学也没有读完，比如比尔·盖茨；有些甚至还没有上过几天学，比如李嘉诚。在这些人当中，90%的人智商水平很一般，但是他们成功了，创造了自己的商业帝国。

究其原因，就是智商很高但智慧不够的人，他们往往会被一些美丽的陷阱所诱惑，即使输了也不知道是什么原因导致的失败。

中国有句俗话叫"吃亏是福"。从字面意思理解就是吃亏是一种福气。显然，这种说法很不符合我们的思维逻辑。但深入理解的话，吃亏的确是一种福气。

我身边就有这样一个朋友，他为人忠厚老实，脑子反应慢，但思维清晰，逻辑性很强，做事一丝不苟，认真负责。据我的观察，他的智商很是一般。他在公司是一个小职员，经常被其他员工使唤来使唤去，甚至被"坑"，比如有些人让他带早饭而不给钱，有些人借他钱不还，有些人为了赶场约会，让他帮忙干活，等等。

对于他的遭遇，有些人看不惯了，对他说："你傻啊，你干吗要为他们做那些，这样你很吃亏知不知道。"

他微笑着说："吃一点亏没事，这可以让我学到更多的东西。"

一年之后，嘲笑、使唤、捉弄他的员工没有任何的变化，依然待在原先的岗位上，继续寻找使唤、欺骗、占便宜的下一个目标，而他却被公司总部调任到分公司做了总经理。

有些人对这样的调任表示不服，公司负责人说："商场需要的是智慧，而不是智商和小聪明。"

也许，别人认为的愚昧是真正的智慧，别人认为的智慧反而是愚昧，关键在于我们是否用聪明的头脑去认真思考。每个人都希望自己聪明、智商高，但更重要的是我们要把聪明和智商转化成智慧，让自己拥有思考、分析、探求真理的能力。

第六章
智慧之门——净化慧根

以定而得慧

在禅修界有一个词汇叫"禅定",是通过祈祷、断食、苦行、禅坐等方式进行修炼,来达到一种"禅定"的状态,通俗地讲,就是修炼一种淡定的心态,遇事有定力不慌张,也是专注力的一种表现。在这种状态下,人的思维、思想是最清晰的,提升了自己的智慧,做出的决定自然也是最具智慧的。

禅定是需要修炼的,在达到一定的状态后有助于提升个人的智慧,对个人的身体健康也有很大的好处。比如你的钱包被小偷偷了,在众人的帮助下小偷被抓住了,而且就在你面前。因为钱包被偷,你一定很生气,有一种想把小偷暴打一顿的冲动。

但是,如果你真的这样做了,你可能会和小偷一起被抓进派出所,因为你可能涉嫌故意伤人罪。如果你闭上眼默数三声,平定了心中的怒气,这便是"定"的形式,也是一种智慧的行为,而小偷自然会受到法律的制裁。

人的心态是极不稳定的,尤其在当今,极易受到外界的诱惑和刺激,遇事冲动、不淡定、激动等,容易做出一些不智慧的行为。加之人本身就具有贪欲,即使我们采用各种方法遏制贪欲,但在外界的诱惑、刺激下,它还是非常容易爆发,从而影响人的定力,降低人的智慧。因为贪欲是人的本性,我们无法将其根除。

人的生活方式通常有两种,一种是对自己没有约束的自由生活,生活的主要内容是寻找快乐,寻求生活的满足感,比如由于工作问题被领导批评了,你辞职换了另一家公司,有一天你被新公司的领导责备了,随之你又换了一家公司。你的心里非常明白,你这样做的目的就是让自己快乐。

但是,如果你长时间找不到赏识你的领导,你的需求得不到满

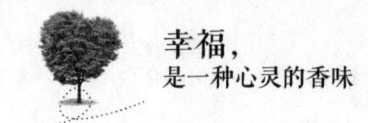

幸福，
是一种心灵的香味

足，你就会变得不安定了，同时会感到痛苦。因为你曾经享受的东西已经消失了。在这种状态下，因为痛苦、因为压力、因为种种不满，你可能就会变得不理智，做出一些不理智的行为。

有一个人，名牌大学毕业，在一家名企上班，因为工作原因辞职后长时间找不到自己满意的工作，小公司不愿去，大公司进不去。最后成为一名盗窃犯。后来我对这个人做了一些调查，发现他是一个很聪明也很有智慧的人，但他做出的这种行为却是不智慧的。究其原因，就是他缺乏定力。

也有一些人生活过得比较清贫，对自己有很强的约束力，甚至对每天花多少钱，每周买多少钱的菜，每次去超市该买什么不该买什么等都有非常严格的要求，他们过着清贫的生活，努力地进行自我约束。

这类人的定力显然要比前者好很多，但问题是人的欲望始终是存在的，它不会因为你的刻意压抑而消失。同时，因为强烈的自我约束，人的心里会产生一种压抑感，随着时间的推移，约束越强压抑感就会越强。在这种情况下，一旦超过人的心理极限，欲望就会如黄河决堤般爆发，这时人的定力便会荡然无存。

这样的案例现实中也有很多，比如有些人非常守规矩，自律，对自己要求非常高，不管社会如何变化，不管外界如何刺激，他都尽力保持着固有的状态。而就在突然发生了一件事情之后，他便精神失常，以往的定力消失得无影无踪。

表面看这两类人的生活方式及态度没有什么问题，实质潜藏着很大的风险，很容易因为定力问题而失去智慧。那么，我们该如何解决这个问题，修炼自己的定力，保持或者提高自己的智慧呢？

首先，提升洞察力。提升洞察力的目的是让我们能够提早预见即将发生的事情，给予自己心理准备的时间，这样在事情发生之后我们就能够用一个较好的心态去面对，用智慧的方式去处理。比如桌角边放着一个杯子，你预见到它可能会掉下来，那么当它掉下来的时候你就不会感到惊慌，因为这是你预料之中的事情。

其次，保持专注力。专注于某一件事情是用智慧方式处理事情的基础，因为只有专注你才能看得透彻，看得清楚，从而做出智慧的选择和决定。比如老板交代给你一项任务，你一定要专注地去做，一方面是为了将工作做好，但更重要的是能够修炼自己做事的定力，避免被外界因素所干扰。

最后，常怀平常心。你需要常怀一颗平常的心，享受生活但有节制，约束自己但有限度，用一颗平常的心看待人和事，这样你就会变得淡定很多。

以慧做根基

智慧对于一个人的重要性不言而喻，它影响着我们的生活、工作质量。也就是说，不管你多么聪明，采用何种方法及资源，如果缺乏智慧，过程往往是事倍功半，不会取得较好的效果，而且还可能干活不落好。

在中国历史上，有一些名人将士往往因缺乏智慧而"冤死"。周武王灭商之后，孤竹君的两个儿子伯夷和叔齐发誓不吃周粟，以此来表达对父王及国家的忠诚，每天去首阳山采薇草吃，最终被饿死。在很多人看来，这是一种忠诚的表现，并赞叹他们的铁骨铮铮。但我认为，这是一种没有智慧的忠诚，也就是愚忠。

俗话说："君子报仇十年不晚""留得青山在，不怕没柴烧"。如果他们有智慧，定会爱惜自己的身体，等待翻身的机会。然而他们

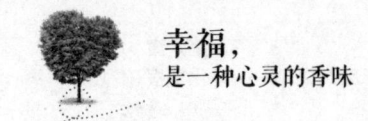

幸福，
是一种心灵的香味

没有，以折磨自己身体的方式来表达自己的忠诚和高风亮节，实在让人感到可悲。

再比如春秋战国时期的越大夫文种，他曾和范蠡共同辅佐越王勾践，帮助勾践灭掉了吴国，立下了大功。后来范蠡发现勾践这个人与其共患难没有问题，但要与其同富贵弄不好会招来杀身之祸，于是他写信告诉了文种。但文种不听，觉得自己应该忠诚于勾践，因为他是君主，做臣子的应该这样做，结果被勾践赐死。提到勾践，他却是一个非常有智慧的人，当年宁可卧薪尝胆、受尽屈辱也一直保存着自己的生命，为的就是有一天能够灭吴。显然，他因为有智慧做根基而成功了。

还有秦国大将蒙恬，跟随秦始皇平定六国，冲锋陷阵，立下了赫赫战功。秦始皇做了皇帝之后，便派他到长城镇守，手中有30万大军。但是因为和秦二世关系不好，在奸人的挑拨下，秦二世派使者让他自杀。愚昧的他让出兵权最后自杀。

在人类发展的进程中，这样的事情有很多很多，在有些人看来这是忠诚的表现，是值得人敬佩的。但如果深入分析，你会发现他们这样的忠诚其实是愚忠，是没有智慧的忠诚，结局就是被他人所利用。

有一个企业家，对父母非常孝顺。在工作之余，只要自己有时间就会买很多好东西去看望父母，节假日还会带父母去旅游。母亲去世之后，他为了更好地照顾父亲，请了一位非常优秀的专职保姆，专门照顾父亲的饮食起居。他的这种孝顺行为被亲朋好友、街坊邻居大加赞赏，一些老人还常常把他作为正面的例子来教育自己的儿女，例如"你看谁谁……"。

一个人只要活着，就一定会生病，尤其是老人抵抗能力下降后，生病可以说就会成为一种常态。这位企业家的父亲也是一样，虽然

第六章
智慧之门——净化慧根

被保姆照顾得非常贴心，但还是生病了。这位企业家听了之后非常着急，赶忙终止正在开的高层会议，回家照顾父亲。

此后，他做出了一个让所有人意外的决定，卖掉正在蓬勃发展的企业，回家专心照顾父亲。对于他的这个决定，一些人表示理解，并赞赏其孝顺；也有一些人表示不理解，并指责其愚昧无知，没有做人的智慧。

我个人认为他属于后者，是一种无智慧的行为，孝顺并不一定要抛弃自己的事业贴身亲自去照顾，我们可以有很多种方式来表达自己的孝顺之情，比如请最好的大夫医治，送到最好的疗养院休养，经常去看父母陪父母说话，等等。试想一下，如果每个人都像这位企业家一样，为了表达自己的孝顺而抛弃工作事业亲自照顾父母，那工作谁来做？社会还怎么发展？

因此，这应该算是一种没有智慧的孝顺，也可以称作愚孝。理性是衡量一个人是否智慧的基本要素，一个理性的人可以去除心中的无明，让真理展现。俗话说"当局者迷，旁观者清"，当局者之所以会迷，是因为他们缺乏理性的要素，不能理性地看待所经历的事情，而旁观者因为事不关己，所以常常会看得更加清楚。

当理性融入智慧之后，他就能够在各种不同的场合，知道哪些话该说哪些话不该说，哪些事该做哪些事不该做。既能看清自己，也能明察世人世事。因此，他不会因说话不当而得罪他人，也不会因做事不当而导致失败。总之，智慧能够让一个人变得伟大，可以让一个人洞察一切而不失理智，是我们生活、工作乃至做一切事情的根本。

没有智慧的忠诚是一种愚忠；没有智慧的孝顺是一种愚孝；没有智慧的信仰是一种迷信；没有智慧的爱是一种痴爱；没有智慧的仁义容易被他人利用；没有智慧的勇敢往往会招来祸事；没有智慧

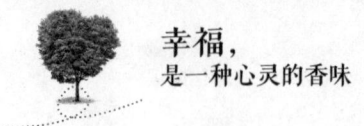

的坚守是一种固执；没有智慧的创新是投机取巧……

人的一生会遇见很多人经历很多事，而以慧为根，才是一个人最应该坚守的理念。

修炼内观

要修炼自己的内观，首先应该明白内观是什么。美国作家威廉·哈特在其著作《内观》中，对"内观"一词的解释是：灵光一闪的洞见或对真理的直观。通俗地讲，就是通过对自身心灵的修炼而提升自己的洞察力，此种洞察力并非我们常人所拥有的洞察力，而是一种直观的洞察力。

通常人们认识一个事物是通过"看"来实现，比如手机的形状、人的面貌、动物的样子，等等，这是人类最初始也是最基本的认识事物的方法。随着人类社会的发展，我们不再以貌取人，不再仅仅以眼前的事物为依据判定其真伪，而会透过现象观察事物的本质。比如看到手机的形状后，不会以此判断手机好还是不好，会考虑除了形状好看之外，是否好用；一个人长得帅气或者漂亮，人们不会以此判断他（她）是不是好人，而是会通过其言行举止进行综合判断。这便是人对事物的洞察力，也是当代人通常观察、判断事物的方式。

但这还不是洞察力的最高境界，一个具有深厚内观的人，除了从事物的外观、表现进行判断外，还会从其内容进行判断。比如，一个手机的外观很好看，功能很强大，对有些人来说这便是一部好手机。而对内观较强的人来说这还不够，他们还会从手机的质量、材质、品牌、软件的可操作性等进行分析；再比如，一个女人长得

第六章
智慧之门——净化慧根

很漂亮，行为举止也很得体，对于有些人来说会认为这就是一个淑女，而对于内观较强的人来说这还远远不够，除以上几点之外，他们还会从其内心活动、心态、品德、素养等方面综合判断她是不是淑女。

最重要的一点是，一般人运用这种洞察力去观察一个事物最后得出结果需要很长的过程，也就是说用的时间比较多，而具有较强内观的人会在很短的时间内就得出正确的结论，这便是直观洞察力，也就是所谓的内观，也是一种智慧的体现。

具有较强内观的人在生活中我们经常会遇到，比如一些著名大企业的 HR，由于工作关系，洞察力是他们的工作技能之一，加之识人无数，所以他们的内观也很强。我有一个朋友就是这样一类人，虽说内观不是很强，但也修炼到了一定的程度。

有一次我作为旁观者跟着他去面试一些新员工。他坐在办公桌前，我坐在他旁边。一名面试人员推门走了进来，在我看来，这个人眉清目秀，憨厚老实，眼睛里透露着真诚，从外表判断没有什么大的问题。他只是扫了一眼然后说："请坐吧。"

面试人员看了看，眼前并没有凳子，只是在我朋友右前方的墙角放着一把凳子，当然，这是他故意安排的。我想，面试人员此时肯定在想，是坐墙角的凳子呢还是把凳子搬过来坐在面试官前方呢？

面试人员看了看墙角的凳子，微笑着对我的朋友说："我可以把凳子搬过来坐这里吗？"他点了点头，面试人员把凳子搬过来，坐在了他的正前方。

随后他快速地问："你会经常加班工作吗？"

面试人员说："这要看工作是否紧急，有必要我会加班。"

他说："好吧，你明天来报到参加培训吧。"

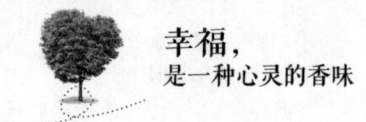

当时我就惊呆了,整个面试过程不过5分钟。如果说他是在敷衍工作,这绝对不会,因为他所在的公司是国内的一家知名企业,而且他做HR已经有13年的时间,具有很高的职业素养;如果说他们公司非常缺人,这也不可能,因为他们公司有很多储备干部,还没有到达缺人的地步。

我怀着好奇心问他:"你这样面试是不是有些草率,怎么就确定对方适合这个职位呢?"

他微笑着说:"首先,从他个人的简历来看,工作经验丰富,业绩突出,而且我们的人也已经证实,他是最好的人选。其次,从他的外貌来看,他诚实稳重,憨厚忠诚。再次,从他主动询问我搬凳子要求坐在我面前的行为及表情来看,他懂规矩,懂礼仪,工作中不会擅自做主。最后,在回答关于加班问题时,他没有说会,因为几乎没有一个人愿意加班,所以说会的都是骗人的,这也证实了他的忠厚老实;他也没有说不会,不愿意加班工作的人没有积极性,不符合我们的用人要求;他也没有提到加班费的问题,所以他对金钱看得不是很重,而是把工作排在了第一位;他说会看工作紧急程度而定,这说明他做事有分寸,懂得轻重缓急,同时也懂得生活,不会因为工作而加没有必要的班。所以他是最好的人选。"

我有些惊讶地说:"要做这么多的分析,你的反应也太快了吧!"

他笑着说:"修炼出来的。"

这就是内观的魅力,它能够让我们在短时间内就洞察出事情的本质,充分认识到事情的真理。

在修炼内观的过程中,提升自己对感受的知觉,是最为关键的。一个人看到事物的心理活动与感受息息相关,如想象、回忆、恐惧、高兴等,由于内心的变化会导致身体某些部分也发生相应的变化,这就是感受的作用。当我们对感受有了深入的了解之后，便会通过身体的变化来了解对方的内心。

内观修炼是一个循序渐进的过程，在刚开始的时候，有的人可能会刻意去避免一些感受，比如恐惧、害怕、紧张等，这是不对的，要勇敢地去感受并体会它们对人体的影响，这样我们才能提升自己的内观。

遇见你的"真心"

觉醒来自于修行，智慧来自于修炼，在修炼过程中，一个好的结果通常从你的"真心"开始。然而，最大的问题是，当我们修炼自己的智慧时，并不能在任何时候都找到自己的"真心"，通俗地讲，就是我们在处理某些事情的时候，往往会脱离自己的内在，这便会严重影响自己的智慧。

有时候我们会感到迷茫，生活是为了什么？到底需要什么？其实，不管我们活着的目的是什么，有一个很现实的需要就是赚钱、学习、训练以及寻找自己的安身立命之地。这是每一个人活着的本质。而这一切都需要自己去争取、满足。

佛教中有一句话是这样说的："佛在灵山莫远求，灵山只在尔心头。人人有个灵山塔，好向灵山塔下修。"所要表达的意思是：人生所有的幸福、快乐、安全，都不可能从别人或者别的地方获得，只能通过自己的努力而获得，一切都要靠自己。我对佛教没什么研究，但是这句话我却非常认可，因为它深入地表达了一个人的"真心"才是让自己幸福、快乐、安全的源泉。

有一次，一位领导和一帮员工共进晚餐，大家在一起谈生活、

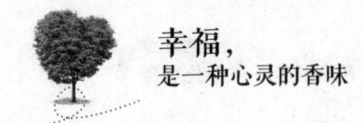

幸福，是一种心灵的香味

谈工作、谈理想，总之聊得非常开心。饭吃到一半的时候，不知道是因为领导在场的原因还是没有新话题的缘故，渐渐地变得有些冷场。

领导的秘书这时坐不住了，如果这样吃下去一定会影响领导和员工之间的关系，于是他出了一个主意，每人讲一个笑话，来活跃现场的气氛。

对于秘书的提议，领导非常理解，知道这是为了和大家良好地相处。所以，领导主动说："这个建议很好，不如就从我开始吧。"

于是，领导开始讲笑话，讲到一大半，在最后的紧要关头时，为了达到更好的效果，领导想卖一下关子，突然停下不说了，拿起杯子准备喝水。这时，有三分之一的人开始哈哈大笑，连声说太好笑了。有三分之一的人有些莫名其妙，但看到别人笑自己也马上跟着笑起来，附和着说："讲得好！讲得好！"只有剩下三分之一的人依然微笑着在听，表情没有大的变化。

这时领导也有些尴尬，不好意思地说："我还没讲完呢！"

在当下的日常生活中经常会遇到类似的情况。三分之一第一时间就大笑的人，他们听懂领导讲的笑话了吗？显然没有，所以他们的笑不是真心的，而且他们在听的时候也没有付出真心，他们想的是如何拍领导马屁。

三分之一附和大笑夸赞的人，他们在听的时候是真心的，但事实上他们也没有听懂笑话，在附和大笑及夸赞的时候，由"真心"转换成了"违心"。

只有最后三分之一——一直保持微笑认真听的人，他们在整个过程中都是真心的。有人可能会说："真心又如何，真心就代表他们有智慧吗？领导就能够喜欢他们吗？"

是的，对于那三分之一的人来说，真心就是他们一种智慧的象征，可能领导不会喜欢他们，但是他们比任何人都看得远、看得透，他们能够从在场的动态中完全掌握领导的心理和在场每一个人的心理。尽管他们不懂得拍马屁，但是在处理一些重大事情上一定要比其他人优秀。

遗憾的是，由于种种原因，在现实生活中很多人已经失去了这份真心，生活在想象虚幻当中。有一个段子说得非常好，一个做业务的先生，业绩很好，很受老板、客户及同事的喜欢。但有一天酒场结束回到家后，他哭着对老婆说："出了咱家的大门我会变得完全不是自己，只有走进咱家大门才能找到真正的自己。"

对于这样的生活相信很多人都很无奈，但这就是现实。虽然我们无法抗拒现实，但是我们可以改变自己的心，就算不能时时保持自己的"真心"，我们也需要时不时地去遇见自己的"真心"，只有这样，才能最大程度地保证我们的行动和行为的正确，我们的智慧才能不断提升。

遇见真心的过程是一个修行的过程，它不在乎时间、不在乎地点，从自我的真心觉悟开始。有人说："我很忙，等我有钱、有时间了再去遇见自己的真心。"这是一种推脱与借口，也许到那个时候，你就再也遇不到你的真心了；即使遇见，对你的生活、工作的作用已经不大。

修炼灵商

智商（IQ）和情商（EQ）这两个概念的提出，为研究人类智慧起到了很大的作用，随后，科学家又通过大量的研究，提出了"灵商"（SQ）的概念。到今天，情商和智商已经被大家所熟悉并经常提

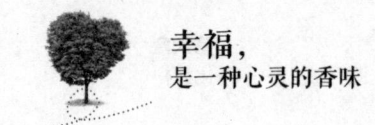

幸福,
是一种心灵的香味

及,而灵商还不为大众所熟悉,相信很多人也是第一次听到这个概念。那么,什么是灵商呢?

所谓灵商,就是对事物本质的灵感、顿悟能力和直觉思维能力,也就是心灵的智力。灵感智商是人类的一种智力潜能,也是一种潜意识的能量。这个概念相对于其他两个概念来说比较虚幻,所以不太容易被大众所理解。

虽说比较虚幻,但它对人的作用却是很大的。人脑的意识通常分为潜意识和显意识,灵商便是潜意识的一种。世界潜能大师博恩·崔西说:"潜意识的力量比显意识大三万倍。"据科学家研究测试,一个人的灵感、顿悟、直觉思维能量与抽象逻辑思维能量之比是100∶1,也就是说一个人创造性思维的能力依赖于潜意识所激发的能量。我们知道,哲学家的抽象思维能力非常强,而但凡在世界上有所成就的哲学家,他们所取得的成就都离不开灵感、顿悟与逻辑思维的结合。正因为如此,研究者们将人的右脑称之为"创造脑"。

对于灵商这个概念,我们还可以这样理解,将它视为灵感与智商的结合产物。爱因斯坦曾说:"我思考问题时,很少用到语言,首先是用跳跃的形象进行思考,然后再花很大的精力将其转化为语言。"爱因斯坦思考问题时的动力来自于灵感,然后运用智商将其转化,这便是灵商的具体体现。

著名科学家钱学森也曾说:"灵感是潜意识,当酝酿成熟时突然沟通,涌现于意识即成为灵感。灵感这种思维往往表现为灵感或意念的突然闪现过程或悟性的涌现过程。它是智力劳动的产物,具有突发性、飞跃性、瞬时性的显著特征。"不难推断,当灵感与智商结合时,我们的智慧会有质的飞跃。

有些人可能会觉得,灵商这么复杂,看来只有那些伟人才能拥

第六章
智慧之门——净化慧根

有并驾驭，普通人很难拥有。其实，灵商每个人都可以拥有，只不过在那些科学家、发明家、哲学家手里发挥的作用更大而已。平常我们说某人很聪明，"鬼点子"多，这就是一种灵商的体现，只不过他们在想问题的时候可能灵感比较敏锐，但智商稍逊，发挥不出那些大师的效果而已。

灵商的修炼对一个人的智慧以及生命有很大的意义，具体有以下几个方面：

运用灵商可完善、解决某些具有重大意义和创新价值的问题。比如小的时候我们会好奇地想："为什么会有天呢？"是某些灵感激发了你这样的想法，如果当时能够有智者正确地引导，那么我们也可能会成为一名科学家。

灵商可拓展形象创意策划与科学发现的预测研究。对于一些具有创意的设计师来说，这一点他们应该更有体会。比如当灵感出现时，在智商的配合下，必然会创造出不凡的作品。

激发右脑的潜能。右脑被称作"创造脑"，是激发潜意识的主要动力，因此，随着灵商的提高，右脑的潜能也会被激发。

在企业管理界有这样一句话："智力比知识更重要，素质比智力更重要，觉悟比素质更重要。"这里的觉悟指的便是感知、直觉思维能力和顿悟能力，它是灵商的重要组成部分。可以这样理解，一个在企业管理界做得非常优秀的人，通常他的觉悟比较高，灵商也比较高。这一点我们可以在当今一些优秀的企业家身上看到和领悟到。

成功学家拿破仑·希尔曾说："任何人的心灵都是一部精巧灵敏的电台，随时可以接收上天所发射给我们充满智慧和无限价值的信息。"可见，一个人的灵商对其工作、生活都会产生很大的影响。那么我们该如何修炼自己的灵商呢？

首先，懂得换位思考。俗话说："变则通，通则灵。"当一个问

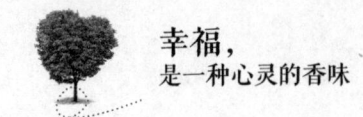
幸福，是一种心灵的香味

题想不通时，不妨换一个角度去考虑问题，也许从中你会发现更有价值的东西。很多人在遇到问题时容易钻牛角尖，这是因为常规思维限制了我们的视野，而且越是这样视野越是打不开。因此，不妨学会变通，从另一个角度看问题也许会有出路。

其次，具有强烈的学习意识。灵商的修炼是一个循序渐进的过程，如果没有强烈的学习意识，灵商的提升将会变得异常缓慢甚至原地不动。而且，灵商需要一些新的有益的知识来补充能量，通过获得有益的知识，可以提升自己的灵商。

最后，提升个人悟性。人生不仅是一个享受的过程，而且是一个不断领悟的过程。著名企业家张瑞敏说："人生最重要的是悟性和韧性。"通过领悟，我们可以掌握很多从书本、生活中学不到的东西，通过不断的思考，我们会明白很多道理。为什么一些成功人士喜欢进行禅修？其实他们就是在修炼自己的悟性，悟性高的人，灵商自然也会提高。

时刻给自己留把钥匙

有一位女士，一天同事结婚，她准备和其他同事一起去参加婚礼，因为是一个比较正式的场合，为了不给同事丢面子，所以她想在家把自己打扮得正式一些。正在她选衣服、化淡妆的时候，同事的电话打了过来："我们已经在你楼下了，赶紧下来，时间不早了哦。"

听到同事的催促，她开始有些着急了，迅速选了一件得体的衣服，简单地化好妆，拎起包便出门了，还习惯性地将门进行了反锁。

婚礼结束后，她高高兴兴地回到家中，翻开包找钥匙，发现钥

第六章
智慧之门——净化慧根

匙不见了,难道是丢了?再仔细回想一下,原来是自己走得急忘到了家里。此时,她对自己的粗心大意后悔不已。无奈,只好找开锁公司来开门了,之后她换了一把锁,有了新钥匙。

过了好长一段时间,在上班的时候她翻开办公桌的抽屉找东西,无意间发现了家里的备用钥匙。这时她才想起来当初为了预防自己丢钥匙,在办公桌的抽屉里放了一把备用钥匙。遗憾的是她忘记了这件事情。

平时我们也经常有丢钥匙或者将钥匙锁在屋里的情况,但从这个故事中我们却可以体会到一个很深刻的人生哲理。对于一个人来说,生活中的每一件事情可能都非常重要,可我们平时只顾着往前走,没有意识到为自己留一条后路的重要性,或者忽略了为自己留的后路,等到事情真正发生了以后,我们便无可奈何,只能后悔不已。

如同家里的钥匙与我们的关系,平时钥匙总是与我们形影不离,每天都在使用,我们也知道没有钥匙就进不了家门的后果,但因为生活的习惯,我们总觉得钥匙不会丢,而且自己时刻都带在身边,应该非常安全。然而,生活的下一分钟会发生什么事情我们无法预测,也就是说我们不能百分之百地保证钥匙会时刻在身边。那么,我们就需要留一把备用钥匙,并且重视它,在需要的时候为我们解决问题。

如果我们心平气和、客观地来探讨这个问题,每个人都觉得这是正确的做法,我们应该这样做。但是,当我们进入生活及工作,开始忙碌承受各种压力的时候,会习惯性地将其抛在脑后。我们明白,谨慎做事能够给自己带来方便,避免出现一些问题。所以无论在生活还是工作中我们一直都是这样做的,而且渐渐成为习惯。因为一直抱有这样的心态做事,所以会对这种习惯产生依赖性。总觉

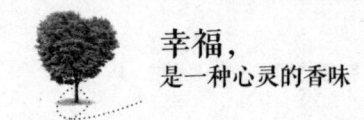

幸福，是一种心灵的香味

得自己做事很谨慎，不会出什么问题，于是反而放松了对一些突发事情的防备和重视，最后让谨慎的习惯害了自己。

我曾经有一个助手，做事很认真很谨慎。当初之所以选择他做我的助手，就是看上了他的这种做事方式。因为有这样的助手帮我，我的工作会轻松很多。如我所料，刚开始从来没有出过什么问题。

一年之后，凡是一些重要的事情我都会交给他办。有一次公司举办答谢会，需要邀请所有与公司合作的客户，其中有一个客户是我们公司最大的客户，而且合作时间最长，可以说是所有客户中最重要的客户。邀请客户的名单当然还是由他来完成，因为我一直认为他做事最靠谱。

答谢会开始的前一天，为了保证活动的顺利进行，我特意问了他关于邀请客户的事宜，还专门提到了那位非常重要的客户。他拍着胸脯说："我办事您放心，绝对不会出问题。"

我相信了他。第二天，好多客户都来了，可就是不见那位很重要的客户，我赶紧问他怎么回事，他一查，才发现这位客户被漏掉了。这是一个很大的失职行为，那位客户肯定会想："为什么别的客户都去了，而没有邀请我呢？"显然，这会对公司造成很大的损失。

最后查到的原因是，他让他信任的下属去做客户名单，虽然他对下属说过那位客户的重要性，可他的下属却忽视了这件事情的重要性。

再来看看他当时拍着胸脯对我的保证，他为什么会这样有把握呢？

原因就是，谨慎做事在他的生活中已经成为一种习惯，甚至可以说是已经麻木，总觉得无论自己做什么事情都是谨慎的，而恰恰就是这个原因导致了他的不谨慎。

在一个智慧的人身上，没有重要和最重要的事情，做任何事情他都会在谨慎的状态下添加一些新元素来激发、提醒自己,时刻会留一把钥匙在身边,留一根绝处逢生的稻草在口袋,这样即使危险来临,他们也有扭转乾坤的机会。

大智慧来自于一心一意

一个人在遇到问题时,通常有两种对比明显的反应,一种是担心、害怕,将问题看得太重,致使思想分叉;一种是稳重淡定,一心一意地来处理问题。一般,后者处理问题的结果要优于前者。

任何事情都会有结果,任何问题都会有办法解决,关键在于一个人面对问题处理问题的态度,是否能够看淡物质,如果能,我们的精神就可以得到解脱。然而,当下有太多的人将某些东西看得太重,这对于问题的解决没有任何的好处。

人们经常说:"计划赶不上变化。"的确,世界万物每时每刻都在发生着变化,我们所面对的事情也在发生着变化,不管它是好事情还是坏事情,时刻都在变化中。

比如你得知买彩票中了100万元,不可得意忘形,有可能是别人弄错了,有可能会被他人盗领,更有可能因为意外之财而使你的生活糜烂,所以不要高兴得太早,一心一意对待即可。比如你被领导调到一个同事们都不愿意去的地方工作,不要愁眉苦脸,也许在这个地方你可以学到更多的技能,也许这是领导为了提拔你而对你的一次考验,所以不用担心也不用害怕,一心一意看待即可。

现实中就有这样的事。有一个小伙子买彩票中了一万元,当得知这个消息后,他非常高兴也非常激动,无法抑制自己此时的心情,为了炫耀自己的好运,把彩票拍成照片,发到了朋友圈中。

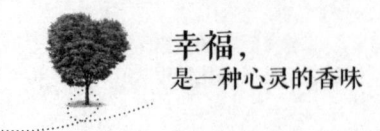

幸福，
是一种心灵的香味

第二天，当他怀着激动的心情去彩票中心领奖时，却被告知一万元已经被人领走了。小伙子很纳闷，彩票明明在自己手中，奖金怎么会被他人领走呢？

后来经公安机关调查，奖金是被他人冒领的，原因是他将彩票拍成照片放在了朋友圈中，让犯罪分子有机可乘。

对于这件事情，抛开犯罪分子的可恶和彩票中心的失职不提，单说这个小伙子，他的最大问题就是在中奖之后不能一心一意地面对这件事情，从而使事情向不好的方面发展。

我认为，"一心"是一种力量，是来自我们心中以及宇宙的力量，没有"一心"就没有力量。"一意"是一种注意力和集中力，这是一种能量，可以击穿一切的能量。比如我们做一个游戏，两个人对立而站，互相看着对方的眼睛，谁先眨眼谁就输。通常，能够一心一意做这个游戏的人会赢，而那些思想开挂不专心的人一定会输。

从这个角度分析，我们会因为自己的一心一意而产生大智慧，面对问题，当我们一心一意看待时，力量就集中在了一起，心念就聚集在了一起，这样大智慧便会产生，问题就会被解决。

我的老师曾经对我说："如果你在学习的过程中非常认真，学习态度十分积极，你的理解力和领悟力就会大大地增强。如果你能够将这一点坚定不移地坚持下去的话，你的学习就会变得更加轻松愉快，你的智慧也会不断地提升。"非常感谢老师对我说的这句话，我把它记在笔记本上，一直带在身边，并时不时地会去领悟这句话，使得我在做事情的时候总能够达到一心一意的状态。

当我们做一件事情时，不要想别的任何事情，一心一意地去做，便能够达到最好的效果。相反，如果我们不能集中自己的精神，无法一心一意地对待，那么，成功的概率就会大大降低，做事的质量也会降低。

第六章
智慧之门——净化慧根

试想一下，当我们参加朋友聚会时，如果我们此时依然在想着工作中的某个问题，不能全身心地投入到其中，一方面，你无法感受到朋友聚会时所带来的快乐；另一方面，朋友也会因为你的不专一而认为你不合群，影响你与他们之间的关系。再比如，一个人在研究某些科研问题时，总是想着去钓鱼，那么他一定不是一个优秀的研究者，将来也不会有大的发展。以上这些，都是一种没有智慧的表现。

我有一个企业家朋友，他的企业正处于高速发展阶段，企业内大大小小的事情都需要他处理，是一个大忙人。然而，让我感到不解的是，每次举办一些酒会时，他都能够如期参加。我一直在想，对于这样一个大忙人来说，他是如何做到工作、娱乐两不误的呢？

对此，我向他提出了我心中的疑问，他回答说："其实很简单，我每次只做一件事情，而且一定会今日事今日毕。"

是的，一个人如果一次做两件事情，那么他很难做到一心一意，而如果一次做一件事情，就能够一心一意地去完成，效率也会提高，有助于我们做到今日事今日毕。

这是一种做事的智慧，同时也是一种做人的智慧。一个人如果不能把要做的事情集中于一心，不能把杂念驱逐到心外，必然会影响智慧的发挥。

第七章

人生之"观"——正视观念

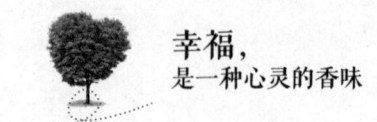
幸福，
是一种心灵的香味

人生观：用智慧的思想观人生

生活中有这样两类人：一类人认为，人生在世能几何，及时行乐才是真，只有尽情享受，才能对得起自己的人生，对得起自己的生命，不枉在世间走一回；另一类人认为，人生在世，苦难繁杂，人的一生充满了各种烦恼与痛苦，唯有脱俗灭欲，才能得到真正的解脱，这一点类似于西方宗教给信徒们传递的思想——我们都是有罪之人，唯有祈祷，才能到达天堂。

很明显，这是两种不同的人生观，前者为享乐主义人生观，后者为厌世主义人生观。不同的人生观造就了不同的心态，使得做事的方式方法也有所不同。

那么有些人会问：这两种人生观哪一种对哪一种错呢，或者说哪一种更好呢？

要解决心中这个疑惑，我们需要用智慧的思维对人生观有一个深入的认识和理解。所谓人生观就是对人生的看法，对人类生存在这个世界上的目的、意义以及道德的看法和态度。人生观有积极和消极之分，积极的人生观能够最大限度地发挥人的能动性，相反，消极的人生观往往制约着人们能动性的发挥。比如有两个人被困在了电梯中，一个是神父，一个是消防员。神父认为，在这种情况下，只要自己潜心祈祷，上帝就一定会救自己出去。消防员会想，一定有可以逃出去的方法。于是，神父会坐在电梯中默默地祈祷，而消

第七章
人生之"观"——正视观念

防员会去四处查看,寻找逃生的出口。这就是不同人生观对人的能动性的不同影响。

马克思认为:"各种人生观都是一定的社会生产力和生产关系的产物。"也就是说,由于社会制度、发展阶段及目前的状态不同,人们的人生观也会有所不同。比如对于资产阶级来说,它的最大特点就是个人主义,凡事从个人出发,一切以个人利益为中心,把追求最大利益作为人生的目的。对于无产阶级来说,它的特点是代表全体大众,以全体大众的利益为根本而进行各种活动。由于阶级制度的不同,人们的人生观也不同。

除了享乐主义人生观和厌世主义人生观外,人类中还普遍存在着这样几种人生观:

禁欲主义人生观。这类人将人的欲望视为罪恶的、肮脏的,比如追求名利的欲望、追求快乐的欲望甚至是人的肉体欲望,他们认为应该消灭掉人的一切欲望,艰苦地生活,苦行主义是他们的根本主张。

幸福主义人生观。这类人的人生观与禁欲主义人生观完全不同,他们主张个人幸福或者全人类的幸福,他们认为个人幸福或者他人幸福才是人生的最高目的,也是人类生存的最大意义和价值。比如"水稻之父"袁隆平,他之所以能够潜心研究水稻,并培育出超级稻,除了个人兴趣与爱好外,最大的动力应该是推动农业的发展,提升水稻产量和人类的幸福感。类似的人还有很多,如爱因斯坦、爱迪生等,他们的人生观就是追求公共的幸福是人生的最大价值。当然,有些人追求的是个人幸福,认为只有让自己幸福才是人生最大的意义,这也是幸福人生观的一种。

乐观主义人生观。他们对待人生的态度积极乐观。从大的方面讲,他们对于人类及社会发展的前景信心满满,对未来充满希望。

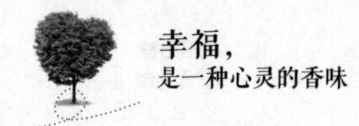

幸福，
是一种心灵的香味

从小的方面讲，他们在做某些事情时，尽管遇到了一些困难和挫折，依然会以一种乐观的心态去面对，认为困难总会解决，阻碍终会消失，事情终会成功。

对于以上种种人生观，我们能说禁欲主义人生观是错误的吗？它虽然主张消灭人的欲望，与人类本身就具有的原始特性相冲突，但可以在一定程度上控制人类贪婪、堕落、崇拜金钱权利等一些消极的欲望。我们能说享乐主义人生观就是正确的吗？它虽然倡导人应该及时行乐，只有尽情享受才能对得起自己的人生，对得起自己的生命，可以让自己得到幸福感，但因为享乐我们可能会忽视一些潜在的危险，甚至因为享乐而无法推动社会以及人类的发展。

所以说，就目前人们所列举归纳出的各种人生观，我们不必去寻找自己的座位，把自己放在某个人生观中，从而约束自己的行为和心态。

一个完善的、具有前瞻性的、完美的人生观应该能够集聚目前各个人生观的优势，我们享乐，但不放纵；我们禁欲，但不禁锢人的本性；我们乐观，但不忽视风险；我们追求幸福，但不损害他人利益；我们不厌世，但一定会谴责一些人的不良行为。

我想，这样的人生观才是一个智慧的人生观吧。

世界观：不"观"世界，何谈世界观

作家韩寒在自己导演的电影《后会无期》中说道："你连世界都没有观过，哪来的世界观？"

我对韩寒此人了解不是很多，可能是因为我们不是一个年龄段的人，在他二十几岁的时候，我已过了而立之年，对他并不是很关

第七章
人生之"观"——正视观念

注。但是，看过电影之后，这句台词却深深打动了我，也让我有了一种想探讨世界观的冲动。

所谓世界观，是人们对整个世界以及人与世界关系的一种看法和观点。这种观点往往是通过生活实践自发形成的，也就是说我们通过对世界的认识及理解进而产生了这种观点。认识理解世界的方式可以通过他人听说、媒体信息的传播获得，也可以通过自己实践体会而获得。然而，前者的信息来源真实度要差一些，后者的信息来源则更加真实。也就是说通过后者的方式形成的世界观更加准确真实，产生的世界观更加准确。

不"观"世界何谈世界观中的"观"之所以用引号，是因为这个"观"包含两方面的意思：一是通过一些信息数据对世界进行观察分析、理解认识；二是通过实践活动对世界进行观察、观看，从而形成世界观。当然，大多数人的世界观都是通过前者形成的，因为后者的成本太高，很少有人单一地通过这种方式来构建自己的世界观，对大多数人来说这不太现实。

当然，后者很少并不一定代表没有。我身边就有这样一个朋友，他是一家旅店的老板，同时也是一个热爱运动的背包客。认识他时，他只是一个旅店的老板，有钱，讲义气，有点唯心主义，还不是一个背包客，对旅行也不怎么感兴趣。

8年之后我再次见到他的时候，感觉他像是变了一个人一样，不仅当前的生活状态发生了很大的变化，世界观也有了巨变。之后，他向我讲了他最近8年的经历。

由于经常会有一些背包客在他这里住店，所以他对背包客有了越来越多的了解，并且渐渐地喜欢上了旅行，并希望自己也成为背包客，去外面看看世界。如同最近流行的一句话："世界那么大，我想去看看。"我想当时他就是这种心情吧。

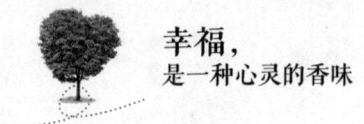
幸福，
是一种心灵的香味

终于有一天，他鼓起勇气，卖掉了旅店，背起行囊，拿着所有的钱成为一名正儿八经的背包客，开始了自己的旅行。他去过很多地方，东南亚几乎所有的国家他都去过，体验过各个国家的制度与文化。

他告诉我，旅行看似简单，其实是一件非常不容易的事情，在长期旅行中，他的钱用完了，所以他需要打各种工、干各种活来维持自己的生计。在路上，因为搭不到顺风车天黑迷路而不知所措过；因为晚上睡不起旅店而睡公园的长椅以及各种沙发，这是一个艰辛的过程。

他在给我讲他的故事的时候，我可以体会到他收获了很多，原先的唯心主义思想完全没有了踪迹，心胸开阔了很多，同时也豁达了很多，世界观发生了很大的变化。但他也失去了很多，之前积累的财富几乎全部用在了"观世界"上。对于这样的代价，我想一般人是难以承受的。

因此，对于大多数人来说，都是通过一些信息数据对世界进行观察分析、理解认识而构建的。而要树立正确的世界观，我们需要科学、客观地去看待这些信息数据。

有一次讲课的过程中，我在大屏幕上给学生们看了一张照片，照片的内容是一个普通的盘子里面放着一个用玉米面做的馍。然后我问学生："看到这张照片，你们在想什么？"

答案各种各样，有的说我在想晚上吃什么；有的说我在想如何才能让所有人吃到白面馍；有的说我在想非洲难民在吃什么样的食物，等等。答案之所以各不相同，是因为每个人的经历、看问题的角度、文化素养、地位不同，所以世界观也不同。想到非洲难民的同学，说明他对非洲的经济状况比较关心，他没去过非洲，但他客观地分析过关于非洲的信息；想着晚上吃什么的人，并不是说他没有世界观，或许是当时他已经非常饿了，也或许是他对世界变化并不怎么了解，世界观意识较弱。

一场说走就走的旅行并不能改变我们的世界观，用走遍世界的方法来完善自己的世界观也不太现实，当然，世界观也不是一件纸上谈兵的事情。我们需要放远自己的眼光，科学、客观地看待一些信息数据，这样才有助于我们树立正确的世界观。

价值观：内心价值观决定做事价值

所谓价值观，是指一个人做事时进行对错判断及选择的标准。比如对于商人来说，他的价值观应该是勇敢面对困难、坦诚向合作伙伴说明情况、严格把控产品质量的标准，这才是正确的价值观。而如果明知产品是不合格的还继续生产，欺骗消费者，欺骗合作伙伴，跨越标准底线，这就是错误的价值观。

价值观与世界观不同，它有正确与错误之分，正确的价值观有助于事情向着积极正确的方向发展，错误的价值观则会导致事情的失败，将我们引向深渊。还拿商人来说，如果他的价值观是正确的，消费者会越来喜欢并信任他的产品，合作伙伴会越来越信任他并与他长期合作，反之，消费者可能不会再购买他的产品，合作伙伴也会离他而去。这便是价值观的重要性。

价值观是一个人动机和行为模式的领导，同时在人的需求基础上而衍生。人的一生有很多事情要做，有时候我们一天就要做很多事情，比如学习、劳动、开会、享受等，那么应该先做哪件事情呢？不同的人会有不同的选择，他们会对这些事情进行排序，排列顺序的不同代表着他们个人价值观的不同。

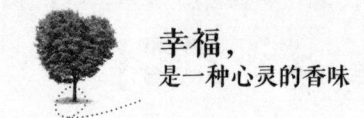
幸福，
是一种心灵的香味

　　人的价值观不是一蹴而就，而是逐渐形成的，在出生的那一刻，在家庭环境的影响下首先形成雏形，然后，随着年龄的增长，在学校、社会人际关系等因素的影响下，从而形成了稳定的价值观。我们可以把价值观看作是一个标尺，它影响着我们的择业、生活、工作等各个方面。曾经有很多人问我为什么选择健康行业，我告诉他们，那是因为我想人的寿命更加长久，这是我生命的价值。也就是说，我之所以选择这个行业，是因为我内心的价值观决定了我认为做这件事情是有价值的。

　　每个人都可以回想一下自己曾经所做的选择，同时和他人对比一下，看看是否是你的价值观决定了你的行为及选择，我想答案是肯定的。当初高中毕业考大学，你在填报志愿时，为什么会选择那些专业，这是因为你内心的价值观促使你做出的选择。比如你的第一志愿是计算机专业，这是因为在你的心中，计算机专业要比其他专业更有价值。在择业时，面对一个高薪小企业和低薪世界500强企业，你选择了后者，这是因为你觉得平台比金钱更有价值。类似的事情在我们的生活中还有很多，都是价值观使然。

　　所以，价值观在很多企业中被广泛运用，尤其对HR的工作起到了很大的帮助作用，因为通过个人价值观的分析，HR可以了解员工的状态及动机，从而判断其是否适合企业或者某个岗位。管理者也可以通过员工的价值观，对其进行正确的引导和管理。

　　也许，我们并不完全清楚自己的价值观是什么，那么有些人会想："我是不是没有价值观呢？"当然不是，每一个人都有价值观，这个价值观在很早的时候就已经形成，什么是应该做的，什么是不应该做的，应该与不应该可能没有对错之分，但却是个人价值观的一种体现。你可能不明白这是价值观，但你非常清楚这样做比用其他的方法做更好。

第七章
人生之"观"——正视观念

一个人的价值观通常具有这样几个特点：

因人而异。每个人因生活环境、人生经历等方面的不同，个人价值观和价值体系也会有所不同。在同种情况下，不同价值观的人会产生不同的行为和动机。

相对稳定。价值观的形成需要一定的过程，随着社会的发展、环境的变化、文化的影响而缓慢形成。同时也是促使人们形成世界观、人生观的主要元素。因此，价值观一旦形成，很难发生改变。

可改变。价值观相对稳定，但并不是说不可改变，在特定的环境下，价值观可发生变化，比如个人经历增多、环境的改变等都可能使人的价值观发生变化。

万科的创始人王石，在创业成功之后，有了一些时间来做自己喜欢的事情——登山。从事过极限运动的人都知道，登山所需的装备是一笔不小的开支，但是他没有用万科的一分钱来支付自己的登山费用，用的都是自己应得的工资。有人会说："他那么有钱，用自己的和用公司的有什么区别呢？"错，区别很大，公司的属于公款，自己的属于私款，如何看待是一个价值观的问题。

万通的老板冯仑是企业界赫赫有名的人物，有一次一个万通的员工意外死亡，员工家属找到王伦向其讨债，从法律的角度看，这位员工的死亡不属于工伤，因此不应该给。但冯仑最后还是决定以个人名义给她支付了一些费用。明明可以不用支付那些费用，而冯仑为什么会支付呢？这便是价值观的问题。

因此，不同的价值观会让一个人做出一些自认为有价值的事情，而且可以抛开制度、抛开规则。

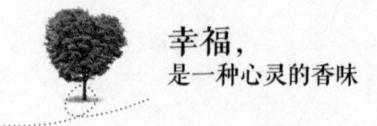

信仰观：激发心灵深处的光芒

所谓信仰观，是指一个人对某人或某宗教或某文化的一种主张、主义的尊重，而且将其用来规范自己的行为和语言，具有很强烈的感情色彩，极大地影响着一个人的心理活动。

比如在我国有很多人信奉神，尤其在农村。其实这就是一种信仰观。因为此信仰，他们从来不说有损于神的话，对神会顶礼膜拜，每月的初一十五都会准时烧香拜神，态度虔诚。

5年前，我有一个朋友的父亲生病住院了，看了三天没有任何起色，他的母亲非常着急，四处求神拜佛。当地有一个阴阳先生，听别人说他非常灵验，不管啥病，只要请他出山，就一定能够除病，于是，朋友叫上我，和他的母亲一起去找那位阴阳先生。

我对这方面并不相信，只是朋友的母亲执意要去，为了让她心理上有一些安慰，只好开车一起陪着前去。到了阴阳先生的家门口，我没有进去，在车里等着。大约过了20分钟，朋友的母亲出来了，一上车便高兴地说："老先生说了，一个星期后就可以健康出院了。"

当时我没有说话，在回去的路上，朋友的母亲说："我看让老先生给你的车弄个'红包'吧，这样更安全。"

我微笑着说："谢谢阿姨，我不太信奉这个。"我说这句话的时候语气平和，只是想告诉阿姨我对神不感兴趣。谁知朋友的母亲非常严肃地对我说："可不敢乱说啊！"

显然，朋友的母亲因为信仰，所以她会自行规范自己的行为语言，这便是信仰的力量。

信仰是心灵的产物，意识行为是信仰的反应形式，信仰的内容也是五花八门，各种各样。系统分析，一个人的信仰可分为这样几类：

第七章
人生之"观"——正视观念

第一，原始信仰。比如图腾，草原各部落对狼、鹰等动物的崇拜，远古神话、原始巫术禁忌及各种原始崇拜，这些都属于原始信仰。我们经常会在电影中看到这样一些片段：一群印第安人拿着战斧，对着一个物品顶礼膜拜，每个人都表现得非常虔诚。这就是原始信仰的一种。

再比如在我国有盘古开天辟地的神话，在古希腊有大地底层出生的厄瑞波斯、在地面出生的尼克斯等神话传说，还有一些复活神话、英雄神话等，因为人们对这些神话的相信从而形成了一种信仰。

第二，宗教信仰。比如佛教所倡导的是一种理性，认为人的命运掌握在自己手中，有因才会有果；道教是对神的一种信仰，比如仙丹、法术、得道成仙等方面，信仰此教的目的大多是希望家和万事兴、个人身体健康、风调雨顺等，反映的是人的一种精神生活；基督教倡导的是人们需要感恩，对自己犯下的罪进行忏悔，消除心灵让自己感到罪恶的东西，等等。

第三，哲学信仰。哲学信仰可分为古代哲学信仰和中世纪哲学信仰。比如在中国有儒家思想，提倡中庸之道，主张"德治""仁政"，重视伦常关系。还有现代哲学信仰，是指通过对事实的分析判断、研究、比较、推理而得出结论。它也是唯物主义的一种体现，考虑处理事情以事实为基准，不凭感觉做事。

第四，政治信仰。这个信仰比较容易理解，是指人们对某一政党的信仰。

有这么多种信仰，那么信仰到底能够解决人类什么样的问题呢？

一个人在一生中会遇到两类痛苦，一类是世俗生活中的痛苦，比如人对权利、财富、情感的需求无法实现时产生的痛苦，一些疾

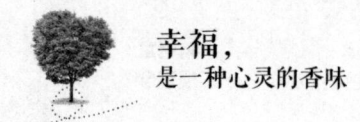

幸福，
是一种心灵的香味

病所产生的痛苦，人际交往中所产生的痛苦等，这些都是人类生活中最常见的痛苦。还有一类是对生命意义的理解认识而产生的痛苦，比如当你经历很多世事，犯过很多错，做过很多正确的事情，获得了自己想要的东西时，你会想人活着到底是为什么，其实自己什么也没有得到，什么也没有失去，最后依然会孑然一身离开这个世界。为此，为了想明白这个问题，便产生了痛苦。这是人的第二类痛苦。

对于第一类痛苦，通过自身的努力及心理调节即可解决，而对于第二类痛苦可能只有通过信仰观才能解决。

比如，有一个学生通过微信向我问了这样一个问题："老师，我今年48岁，在人们眼中我是一个成功人士，有房有车有钱有事业，有爱我的妻子有孝顺的儿子还有可爱的孙子，以前我一直认为自己是一个很幸福的人。但前段时间生病住院之后我突然想，年轻的时候我们用自己的健康、智慧去拼命地赚钱，营造自己的幸福；年老了我们又用金钱、时间换取安静健康的生活，我感到有些痛苦，不知该如何解决，希望得到您的帮助。"

对于这样的痛苦，我相信没有一个人能够用语言引导梳理而完善地解决，可能只有信仰才能解决，这便是信仰观存在的意义和价值。

道德观：升华你的灵魂

道德观是指一个人在意识形态的影响下，而表现出的一些具有规范性的言行。这种规范没有成文的准则和律条，也没有任何制度规定你该怎么说，该怎么做，完全是通过社会舆论或某种思想认识的宣传，倡导人们去这样或者那样做，是一种自觉行为。通俗地讲，

第七章
人生之"观"——正视观念

它是社会活动中一种不成文的规则。

比如在马路上你随地扔纸屑，没有任何法律规定会对你进行处罚，但人们会对你的这种行为进行谴责，告诉你这样做是不对的，是没有道德的。在社会文明急速发展的今天，有道德观的人更能适应社会的发展，更能得到他人的喜欢。

有一天我去火车站送朋友，完事准备坐地铁回家，在地铁站遇见了一位和尚，他右肩挎着包，左手戴着一串佛珠，对于和尚来说这样的打扮并不稀奇，但他的行为却吸引了我。

买好票后我站在站台上等车，看到他将粘在地上的一个小广告撕了下来，然后使劲卷在一起拿在手中。过了一会儿，他又将广告牌上的一个贷款小广告撕了下来，用同样的方式卷在一起拿在手中。当时我就在想，他会把手中的纸扔在什么地方呢，出于好奇，我便一直跟着他。

上车后，那些纸屑一直被他紧紧地攥在手中，过了五站后他下车了，我也跟着下车，随他一起走出站台，只见他很认真地将纸屑扔到了马路边上的垃圾桶中。

当我向朋友讲起这件事情的时候，朋友说我很无聊，"跟踪"一个和尚干吗。我告诉他，其实我并不想跟着他，是因为他的行为吸引了我，我只是想证明我心中的疑惑，他到底算不算是一个有道德的人，最后证明我的猜想是正确的。同时也证明了有道德的人能够赢得人们的喜欢，足够吸引人去注意，更容易给人高大感。

我在每次讲课的时候，无论讲的是什么内容，我都会尽可能地告诉学生们要有一个良好的道德观，这是充分吸收知识的基础。

社会是一个大家庭，包含各行各业各领域，根据不同的领域我们可以将道德观分为很多下支，比如职业道德观、爱情道德观、生

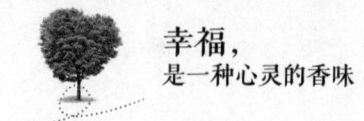

态道德观、金融道德观、社会道德观，等等。

在职业道德观中，对于从业人员来说，每一个职业都是神圣的，因为职业是我们生活的基础，所以我们必须遵守职业中的道德。比如作为老师要遵守教书育人、为人师表的职业道德，医生要遵守救死扶伤的职业道德等。

由于职业不同，道德观的表现形式也会有所不同，比如我们常说某人有"军人作风""商人习气"，其实这就是他们通过职业道德而给我们的一种感觉。能够遵守教书育人、为人师表职业道德的老师，家长会喜欢，学生会喜欢，领导也会喜欢；能够遵守救死扶伤职业道德的医生，病人会爱他，病人家属会爱他，医院领导也会爱他，这都是因为职业道德升华了他们的灵魂。

我们再来说说爱情道德观。有些人明知对方是有妇之夫或有夫之妇，却宁愿做人家的小三，并逼迫对方和现任离婚，这是一种无耻的行为，也是因为爱情道德观缺失而导致的结果。有些人认为婚前不能有性生活，有些人认为婚前性生活没有关系，反正迟早会结婚，这是因为他们各自的爱情道德观不同而导致的结果。

往大的方面讲还有社会主义道德观，社会主义道德观是推进社会生活和谐的积极力量，它引导着人们的言行举止。社会主义道德观一直是国家所提倡发扬的，因为人们有什么样的社会道德观就会有什么样的社会行为。

总之，道德观是社会群体长期生活而形成的同一共识，在一定时期和范围内是稳定的，也是社会和谐发展的基础。一个人在社会中，不管你有多大的权力，多大的财富，如果没有道德观，也就失去了灵魂。

第七章
人生之"观"——正视观念

名利观：客观看待名与利

在民间一直流传着这样一个故事。有一次乾隆皇帝下江南时来到镇江的金山寺，站在金山寺上，看到山脚下缓缓流过的江水，众多货船川流不息地行进在江上，再想想百姓安居乐业，国家经济状况良好，甚是高兴，喜悦之情无以言表。

于是，他随口向站在自己身边的老和尚问道："听说你在这里住了很多年，那我问你一个问题，你知道每天有多少船从这里经过呢？"

老和尚微做思考，回答道："只有两条船。"

乾隆皇帝一听大怒，呵斥道："大胆，竟敢戏弄我！"

老和尚急忙说："陛下息怒，听我向您解释。每天的确只有两条船从这里经过，一条船为名，一条船为利。"

的确，人生在世，大多是在为名利而生活着，贫穷的时候，我们会拼命地赚钱，力求让自己的生活变得更好，等有了一定的财富，我们又想让自己的名字流芳百世，努力获得各种荣誉。名利一直存在于我们的生活中，并会伴随我们一生，那么，我们该用什么的心态看待名利呢？

回顾历史上的一些名人，他们大多都谈论过名利，比如司马迁说："天下熙熙，皆为利来。天下攘攘，皆为利往。"吕纯阳说："浮名浮利浓于酒，醉得人间死不醒。"你会发现一个很有意思的现象，尽管人们的生活离不开名与利，但他们对名利都持有一种鄙视的态度，告诫人们要克制追求名利的欲望。其中有一个原因是大家公认的，那就是能够保证社会的和谐发展，抑制人们犯罪的行为，比如贪污腐败、偷窃、抢劫等，都是因为将名利看得太重而违反法律法规，扰乱了社会秩序，影响了社会和谐。

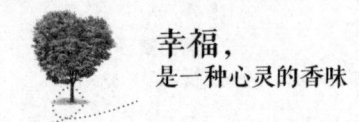

幸福，
是一种心灵的香味

但一个人如果没有追求名利的欲望，也会影响社会的发展。试想一下，如果一个人不追求名不追求利，那么他生活及工作就没有了动力，更加不知道活着是为了什么，容易懈怠，得过且过。如果每个人都是这种想法，那么社会将无法发展，人类文明将无法进步。人生因为欲望而有追求，名利则是人们满足个人欲望，实现人生追求的途径之一，所以，人需要有追求名利的欲望。

儒家是中国传统文化思想的主线，博大精深，以孔子、孟子为代表，经典著作有"四书五经"。在《论语》中有这样一段话：

"富而可求也，虽执鞭之士，吾亦为之。如不可求，从吾所好。邦有道，贫且贱焉，耻也；邦无道，富且贵焉，耻也。"

从这段话可以看出，儒家并不反对人们追求名利，认为人们追求名利很正常，没有什么不对，但这并不是儒家的主导思想，儒家认为追求名利没问题，但仁义道德比名利更重要，不能违背仁义道德而追求名利。当名利和仁义道德发生冲突时，人们应放下名利，以仁义道德为重。这便是儒家的名利观。

道家也是先秦诸子百家之一，代表人物是老子、庄子。道家的名利观是劝导人们不要去争。这一点从老子的一段话中可以看出，"知其雄，守其雌，为天下溪；知其白，守其黑，为天下式；知其荣，守其辱，为天下谷。"明知道什么是刚强，但要安守柔弱；明知道什么是光明，却宁取暗昧；明知道什么是荣耀，可甘愿屈辱。要像深谷一样，处于最底层、最下游，这便是道家所谓的不争。为什么道家倡导人们对名利不要去争取呢？

这是因为道家认为人争取名利是为了满足自己的欲望，而人的欲望是永远无法满足的，在争取名利的过程中当不能满足个人欲望时，人的身体就会受到伤害，所以这是不值得的。

佛教是世界三大宗教之一，它的名利观更加虚幻。佛教认为世界万物皆空，也就是说名利也是空的，既然是空的，何必要去追求呢？而且佛教认为追求名利不但会使自己更加烦恼，还会损害他人利益，会遭到报应。

对于我们每个人来说，都应该用客观的态度，结合各个派别名利观的优势，树立符合当代社会发展的名利观。我们可以追求名利，但要结合自己的人生观、世界观、价值观去追逐，而不是盲目地争名夺利。

发展观：用发展的眼光看事物

提到发展观，相信多数人首先想到的便是科学发展观，这是我国政府近年来一直所倡导的理念，也就是坚持以人为本，全面、协调、可持续的发展观，促进经济社会协调发展和人的全面发展。在电视新闻中也经常会看到这样的说法。

从广义上来看，发展观主要分为两类，一类是与唯心主义结合在一起的发展观，倡导"天不变道亦不变"的思想，是一种形而上的发展观；另一类是用联系的、发展的眼光看事物，倡导"一切皆流""一切皆变"的思想。显然，这是两种截然对立的发展观。

经过多年的实践与论证可知，用发展的眼光看事物、看世界才是有利于社会发展、有利于人类进步的发展观，比如前面提到的科学发展观。尽管这个词汇经常被用在政治上，其实在任何方面都可以用它来规划一些事情。比如你是一名企业家，要让企业可持续发展并不断壮大，就需要用可持续发展的思维来思考问题。

有这样一位老板，刚刚创业没多久，开了一个农产品加工厂，企业规模不大，加工量也非常有限。

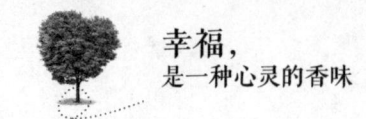
幸福，
是一种心灵的香味

一天，他遇到了一个让他头疼的问题。有一个在国内赫赫有名的大客户希望由他的企业来加工自己的产品，量很大，但价格低，而且客户希望能够签订长期合同，以此保证彼此的利益。按道理来说这是一件令人高兴的事，可问题是企业中还有一些零散的客户，自己一旦与这个大客户合作，按照企业当前的加工量，那些小客户可能需要暂时放弃；这些小客户虽然加工量不稳定，但价格要比这个大客户的高一些。面对这种情况，他一时不知道该怎么办。

他咨询了一些朋友，有的人建议和大客户合作，暂时放弃那些小客户，大客户虽然利润低，但有助于企业长期发展，和小客户合作得到的只是一时的利益；有的人建议和小客户合作，虽然小客户不稳定，但利润高，企业效益高。各有各的说法，似乎都很有道理。

他有一位朋友是大学教经济学的老师，后来他向这位朋友说起了自己的烦恼，朋友非常肯定地说："这有什么可烦恼的，当然要选择和大企业合作，暂时放弃小企业了。"

他问为什么。这位朋友说："无论做任何事情，我们都需要用发展的眼光看事物，这样才能保证事情永远朝着好的方向去发展。"

也许朋友的话对这位企业家来说有些难懂，但他还是按照朋友的建议去做了，由于业务稳定，两年之后他便扩大了企业规模，业务量越来越多，效益也越来越好。

再举一个例子，我国前几年为什么要大面积地进行退耕还林，难道种树真的比种粮食好吗？有些人可能会质疑，树能当粮食吃吗？对这种做法不理解。从目前看，种树的确不能解决温饱问题，但是由于多年来人们对树木的砍伐，我国的绿化面积已越来越少，沙漠化越来越严重，严重影响着生态的可持续发展，所以需要通过退耕还林的方式，保持生态的平衡及长远的发展。

再比如，你在找工作的时候，有这样两份工作摆在你面前，一个是在一家不知名的企业，年薪 10 万元，在这家企业你能够轻松地胜任工作，没有任何压力；一个是在世界 500 强企业，年薪只有 8 万元，在这家企业想做好工作需要面临较大的挑战。你会做何选择？

如果选择前者，说明你没有发展思维，或是发展观还不完善，看待问题有些肤浅；如果选择后者，说明你是在用发展的思维考虑这个问题。从发展的角度来看，最好的选择当然是后者，因为它可以让你的职业生涯可持续发展，让你的个人技能迅速提高。

把所有的问题摊开，用具有前瞻性的眼光及思维看问题、思考问题，得出的结论才最正确，最有利。

商业观：构建健康的商业思想

王总今年 35 岁，却已经是一家大型餐饮企业的掌门人，从一无所有到创建自己的餐饮王国，他有着怎样的传奇经历呢？

20 岁那年，他辞职离开了教师这个职业，成为某品牌洗衣粉的推销员，薪资和现在很多业务员一样，很低的保底工资，但上不封顶。刚开始，由于自己的沟通能力较弱，他每天骑着一辆三轮车，拉着满满的洗衣粉，硬着头皮挨家挨户上门推销，每月大概能卖 200 箱，挣 300 元钱。

做了一段时间之后，他买了人生当中的第一个通信工具——传呼机，以便让客户随时都可以找到他。对于其他推销员来说，传呼机那么贵，一个做推销的没有必要使用这东西，但他认为，传呼机就是自己的业务线，有了它可以让他的业务做得更好。他的这个观念是正确的，因为有了传呼机，他此后的每个月可以赚到 600 元钱，

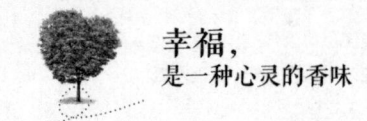

是原先工资的两倍。

22岁时,他成为该企业的销售部主管,学会了如何与客户打交道,懂得了经商理念,更重要的是正式树立了自己的商业观。24岁的时候,企业改制,他离开企业成为这家企业产品的代理商,招募了20多名推销员,有了自己的生意。

也就在这一年,由于本地具有丰富的煤炭资源,很多商人蜂拥而至,开旅店的,卖挖煤工具的,纷纷富了起来。然而,他却计划着开一个高档的服装店。这让很多人很不理解,在这个地方开服装店,简直是找死。但不管别人怎么说,他依然坚定地做了这件事。他前后总共投资了40多万元,在三个月的时间开了三家连锁店。

其实,他在开第一个店的时候也进行过试探,在进货时进了两件上千元的T恤和大量几百元的T恤。就在开店当日,上千元的T恤就卖掉了,随后的几天,几百元的T恤也卖得相当不错。

两年之后,服装店步入了正规,他几乎把所有的事情都交给了员工去处理,又开始了新的商业项目,花了将近100万元租了一个宾馆,准备进军服务行业。宾馆项目进行得很顺利,也使他对餐饮行业有了更多的认识,更让他明白了品牌的重要性。他的商业观也在逐渐地完善中。

在2007年的时候,他前期投资2000万元,做了一个他人生中最大的投资,开了一家以饮食为主的酒店,酒店共三层,经营面积将近3000平方米。酒店装修得十分豪华,一把椅子几千元,一张餐桌几万元,可以说是饭店中的劳斯莱斯。

酒店刚开业的前几天,客户很少,于是有些人开始劝他说:"这个地方没有你那样高的消费能力,不要把大城市的那一套拿到这里做,否则必输无疑。"但是,他觉得作为一个商人,展望比守业更重

第七章
人生之"观"——正视观念

要。他告诉服务人员，不管客户用不用餐，都要带领他们尽可能地参观每一个房间，详细地告诉他们房间的设计理念，酒店的服务宗旨。就这样，酒店生意慢慢好了起来，不仅成为当地最高档的酒店，还成为当地生意最好的酒店。

之前，酒店的主打产品是鱼翅，有一天他看了一个公益广告，看到鲨鱼被一些不法分子割掉鱼翅后又扔进海里的那一瞬间，他落泪了。第二天他就决定停售鱼翅，说："商人要有自己的道德底线，否则就不是一个合格的商人。"

2001年，因为一次慈善捐助，他认识了一些非常热心做慈善的朋友，从此，他将大量的时间放在了慈善捐助上。2012年，他通过微博做出决定，每个星期定向捐款5000元，并呼吁更多的人参与进来，帮助那些需要帮助的人。随后，很多爱心人士加入了这个行列，有捐1000元的，有捐500元的，有捐100元的，也有捐50元的。他说："善举是一个商人成功的标志之一，没有善举，就没有商业观。"

这是一个真实的故事。在王总的商业旅途中，我们始终能够看到他的一些经商理念，从买传呼机，到停止销售鱼翅，再到慈善行为，无不展示着他的商业理念，其实这就是他的商业观。他的商业旅途也是商业观逐渐完善的过程。

"商人要有自己的道德底线，否则就不是一个合格的商人。"

"善举是一个商人成功的标志之一，没有善举，就没有商业观。"

这是他的商业观，我认为也应该成为每一个商人乃至每一个人的商业观。重信守法；有远见，不仅仅因为利薄就轻易放弃某个项目；有善心，富能济贫；有魄力，但懂得节俭，这些都是一个优秀商人应该具备的商业观。

第八章

金钱意识——平衡贪欲

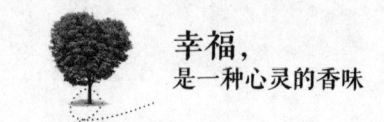

幸福，
是一种心灵的香味

钱只是一种生活工具

对于绝大多数人来说，我们每天劳累奔波的目的就是为了赚钱，几乎每个人每天都在围着钱转。因为有了钱，我们的生活可以得到改善，可以去做一些我们一直想做却因为经济原因而不能做的事情。这是每一个人劳动的目的，也成为大多数人生活的中心。

俗话说："有钱能使鬼推磨。"意思是说，有了钱你可以让任何人做任何事情。我们大多数人每天都在为钱而奔波劳累，但是，当你有一天赚到足够多的钱的时候，你的观念还依然是这样的吗？

我相信你的观念一定会发生很大的转变。之前，你是为了钱而劳累工作，当你有了足够的钱，按道理说你完全不用工作，享受生活即可，每天哼着小曲，喝着咖啡，一天就可以这样愉快地过去。但你绝对不会这样做，一个星期之后，你会感到这种生活很无聊很空虚，完全没有工作时的满足感。

这就是为什么一些为了钱而奔波的人总是会想："等我有足够多的钱了，我就不工作了，每天睡到自然醒，什么事情也不干。"而一些已成为千万富翁甚至亿万富翁的人却并不会这样做，也不会像以前没钱时那样想，他们开始怀念以前的生活和工作，或者依然像以前一样辛勤工作。

所以，一个人幸福开心与否与钱没有太大的关系，钱只是一种用来生活的工具而已。人类发明钱币，是为了用一种更加公平的方

第八章
金钱意识——平衡贪欲

式来互相交换自己所需的东西。在钱币还没有产生的年代,都是通过物物交换,比如你用一头猪换对方的一头牛,用一只鸡换对方的二尺布,通过这种估价式的交换,人们便可以得到自己想要的东西。

随着社会的发展,需求的提升,人们发现仅仅依靠物物交换已不能达到一定的公平,而且估算起来相当麻烦。于是发明了钱币。钱币并不能当饭吃,也不是我们生活中直接需要的物品,但是却可以帮助我们公平、方便地得到对方有而自己没有的东西。从这个角度分析,我们可以清楚地认识到,钱就是一种生活工具。

当下有不少人的眼睛里只有钱,做梦都在想着如何得到更多的钱,这样很容易让自己迷失在金钱当中,财迷心窍,成为金钱的奴隶,丧失了人类生活的真正意义。

日本经营之神松下幸之助是一个伟大的商人,他的松下电器公司总资产逾千兆日元,总销售额近5兆日元,员工总数25万多人。面对如此多的财富,他说:"金钱就是润滑油,机器运转和生产产品就是生活,我们的目的是让汽车到达目的地。但没有润滑油,机器就不能良好地运转,就无法造出合格的汽车,也就无法到达目的地。所以说,金钱只是我们生活的一种工具,而非目的。"

他认为:"金钱是最不靠谱的东西,但我们要做一件事情又离不开它,从某个角度讲,我们需要珍惜金钱,但珍惜与做金钱的奴隶不同,应该一分为二地正确看待,否则金钱就会成为你的累赘,你看起来很有钱,但你的生活和人生会因此受到牵连,成为一个人的悲剧。"

我们可以惜财,但不可以贪财,不做金钱的奴隶,生活才是我们的重心,金钱只是帮助我们更好生活的一种工具。

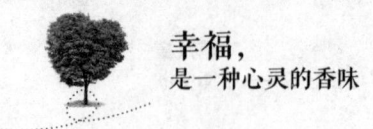

幸福，
是一种心灵的香味

不为金钱而活

你有没有思考过这样一个富有哲理性的问题：人为什么而活？人活着的意义是什么？

为了父母，为了孩子，为了你爱的人和爱你的人，为了让自己的生活更加美好，为了更多地欣赏世界的风景，或者是为了赚到更多的钱……

我相信每个人的回答都不一样，每个人生活的目的和意义都有所不同。也许你是一个孝子，亲人得了重大疾病，你活着的意义就是全心全意照顾他们；也许你非常崇拜某位富豪，活着的意义就是为了得到更多的金钱和名利；也许你是一个工作狂，活着的目的就是为了自己的事业，等等。

也许，有太多的人活得很辛苦，有太多的人不知道活着的意义是什么，但我们客观地回顾历史及当前自己身边的一些人，有太多的人活着就是为了金钱、权利，有太多的人把获取更多的金钱当作是自己活着的目的和意义。因此，我们的生活产生了很多烦恼和不痛快。

有人说皇帝、国王有权有钱，他们就不会为金钱而活，生活中也不会有烦恼。然而，虽然他们握有一个国家的最高权力，也掌握着国家的所有财富，但其中依然有很多人无法抵抗金钱和权利的诱惑，为此不惜做一些伤民、争斗的事情，忧愁烦恼不比平头百姓少。这一点我们在一些宫廷戏中经常会看到，一人之下万人之上的丞相为了获得更多的财富，不惜做出任何伤害他人的事情，兄弟俩为了争夺皇位，明争暗斗，烦恼不已，完全失去了生活的意义。

那么，对于现实中因为金钱而产生的烦恼，我们该如何摆脱呢？

第八章
金钱意识——平衡贪欲

忽视、躲避是不可能的，因为它真实地存在于我们的生活中，必须要面对。唯一的方法就是让自己的心凌驾于金钱之上，摆脱金钱的限制，让自己的意识超越金钱的诱惑，用一种更高、更远的眼光看待金钱。无论任何事情，如果我们能够用一种俯视的方式去看它，你就会对它有一个全新的认识，同时也不会被它所牵绊。

在 2007 年的时候，通过他人介绍我认识了这样一位朋友，当时她还是一名在校大学生，我们之间的年龄也相差很大。但听了她的故事之后，我就把她当作我为数不多的知心朋友之一，有很多事情我都愿意与她交流，当然，她也非常喜欢我这个朋友。

她出身农村，家庭经济情况不是太好，父母都是农民，为了供她上大学，家中已十分拮据。在学校她经常会通过勤工俭学的方式来减轻父母的压力，周末做一些零工，比如发传单、做服务员等，基本上可以做到不用家里的钱来完成自己的学业。在她的周计划表中，我看到除了学习就是各种各样的兼职。

当时我看到她的这种情况，出于同情，提出资助她读完大学。她却微笑着说："您的心意我领了，但我不能接受您的资助，生活过得去就可以了，钱够用就行了，知足者常乐。"

听了她的话我非常感动，她没有因为家里贫穷而把金钱看得非常重，也没有为了赚钱而放弃自己的学业，也不愿意接受他人的资助。这种对待金钱的态度使我有理由相信，她将来一定会非常成功。

有些人把金钱看得高于一切，甚至超过了自己的生命。而当一个人纯粹为了金钱而活的时候，他的人生就没有了意义和价值。比如有些人在遇到凶狠的歹徒时，为了保护自己的金钱而豁出命与歹徒搏斗。如果这种行为仅仅是为了金钱，那么这是一种非常错误的做法，任何时候，生命比什么都重要。再比如我们经常开玩笑说："某人现在穷得只剩下钱了！"如果某人真是这样，那么这也是一件

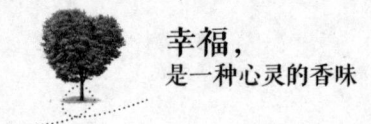

非常可悲的事情。

面对金钱,用一颗平常心去看待,不要觉得离开钱你就无法生活,冷静理智地看待金钱,让金钱为自己服务,而不是自己为金钱服务,树立正确的金钱意识,生活就会少一些烦恼,多一些欢乐。

动机决定一切

在以色列有这样一个传说。有一个很灵验的先知叫巴兰,在当地非常有名气,他诅咒谁,谁就会倒霉,他祝福谁,谁就会心想事成。对于以色列人来说,巴兰的力量类似于中国神话传说中的观音菩萨。

有一年,以色列人想要占据摩押人居住的地方,其实也就是侵略,以色列人动用了大量的军队来做这件事情。当时,以色列军队久经沙场,已经打过很多场战争,从来没有失败过。摩押人的领导者巴勒看到以色列人攻占自己的领地,心里有些害怕,因为他知道自己打不过以色列的军队。

于是,他千辛万苦找到了巴兰,让巴兰诅咒以色列军队,让他们全军覆没。故事讲到这里,你可能关注的是最后的结果怎样,以色列的军队有没有全军覆没,而我要讲的是一个动机的问题。

巴勒面对大兵压境的以色列军队,面对害怕的情绪以及自己无法解决的问题,他首先想到的是去找巴兰帮忙,寻找依靠。这便是巴勒的动机。因为有了这个动机,结果会发生很大的变化。

假如巴勒在面对困难时的动机是与以色列人决一死战,那么结果可能是摩押人全军覆没;而当时巴勒的动机是寻找巴兰帮助,这样的动机首先能够避免战争带来的伤亡,前后结果截然不同。

第八章
金钱意识——平衡贪欲

同理，面对金钱，你有什么样的动机就会有什么样的结果。如果你赚钱的动机是为了提高生活质量，那么你的大部分钱可能都会用在提高生活质量上，在花钱的时候也不会太吝啬。如果你有10万元，你一定会买一台9万元的车，如果你现在的工资是每月5000元，生活费用每月1000元，当你的工资提升到10000元的时候，你会不自觉地将生活费用提高到每月2000元；如果你赚钱的动机是为了积累更多的财富，比他人更有钱，那么你赚到的大部分钱可能都会积攒下来，花钱的时候也会非常节俭，别人有100万元，你就想攒到110万元。因为你的动机不同，做事的方式也会有所不同。

有两个来自农村的年轻人，大学毕业之后为了赚更多的钱，努力进到了一家大企业工作。由于这两个年轻人工作能力很强，所以薪资也很高。5年之后，他们赚到了自认为足够的钱，但突然感到无论在工作中还是生活中都有些迷茫，于是他们一起去找一位长者，希望能够解决心中的疑惑。

长者听了两位年轻人心中的疑惑后，提出要做一个测试，两位年轻人欣然答应了。

长者说："现在我需要你们在山上砍一棵树，一棵粗，一棵细，你们会砍哪一棵？"

两个年轻人毫不犹豫地说："当然砍粗的那棵。"

长者说："那棵粗的只是普通的杨树，而那棵细的是名贵的红木，你们砍哪一棵？"

两个年轻人说："红木比较贵，那就砍细的吧。"

长者说："红木长得七扭八歪，而杨树长得非常笔直，你们砍哪一棵？"

两个年轻人想，七扭八歪的没有什么利用价值，于是说："还是砍粗的吧。"

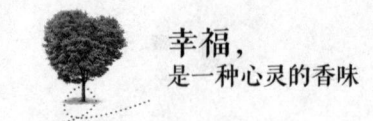

幸福，
是一种心灵的香味

长者说："杨树虽然笔直，但中间已经空心，你们砍哪一棵？"

两个年轻人有些不淡定了，疑惑长者为什么要问他们这样乱七八糟的问题，再想想既然是测试，也就不问那么多了。于是两个年轻人依然认真地说："心都空了还砍它干啥，那就砍细的吧。"

长者说："红木虽然树心没空，但树上有一个鸟窝，有几个幼鸟正在等待鸟妈妈的食物，你们砍哪一棵？"

两个年轻人都是非常善良之人，出于善心，他们坚决地说："当然砍粗的了。"

长者刚要继续发问，其中一个年轻人沉不住气了，着急地说："您问了我们这么多问题，可都是围着砍树转，您想告诉我们什么呢？"

长者说："那我问你们，为什么要砍树呢？"

两个年轻人一时不知如何回答。分析长者提出的问题，虽然一直在变化，但最终的结果都取决于两个年轻人砍树的动机，也就是说为什么要砍树。拥有正确的动机才能做出正确的选择。如果你砍树的动机是做工艺品，那么你的选择应该是红木；如果你砍树的动机是做梁木，那么你的选择就应该是杨树。

动机决定结果，正确的动机产生正确的结果。赚钱是我们每一个人生活的目的之一，赚钱的动机正确，那么得到的结果也会是正确的。为了赚钱而赚钱，最终的结果是变成金钱的奴隶，陷入金钱的深渊无法自拔；为了改善生活而赚钱，会使我们的生活越来越好；为了给孩子买一个昂贵的生日礼物而赚钱，孩子一定会感恩你对他的爱……

一个人赚钱的动机可以有很多，最为重要的是一定要认清自己的动机，树立正确的有利于自身发展的动机，这才能保证实现正确的结果。

第八章
金钱意识——平衡贪欲

财富的真正价值

想象一下,假如你拥有了580亿美元,看清楚,这里指的是美元可不是人民币,是亿可不是万。对于这样一个数字的财富,平时你可能连想都不敢想,现在你可以大胆地想象一下,你会拿这些钱做什么?

把家安在火星上居住?去太空旅游?买一个小岛悠闲地生活?盖一座世界最高最美的摩天大楼?还是自在地环游世界享受各种美食?……

你可以尽情地去想象,这580亿美元可以实现你想象中的任何一件事情。如果你真不知道该如何花这笔钱,那么我们来看看拥有这样一笔财富的人——世界首富比尔·盖茨,他是怎么使用这笔钱的。

美国杂志《福布斯》的数据显示,比尔·盖茨蝉联世界首富13年,财产已达到了580亿美元。对比尔·盖茨感兴趣的人,相信对他的了解不仅仅局限在他的财富上。《智慧与财富——比尔·盖茨的故事》一书中提到,比尔·盖茨曾说:"一个人会对某些奢华的东西习惯的,这可不是什么好事。从某个角度来说,它使你脱离正常的经历,让你变得虚弱,所以我有意识地控制自己对这些东西的态度。"

也就是说,当一个人经常享受某些奢华的东西时,会形成一种习惯,如同毒品一样,有一天当你去尝试那些不奢华的东西时,你会感到不习惯不舒服,个人适应社会的能力就会变差。显然,一个人习惯享受那些奢华的东西,势必要使用一定数量的财富,就比如鲍鱼海参,你用炸酱面、臊子面的价格肯定是买不到的。也许你会说:"人有钱了,就应该这样享受,不然赚那么多钱干什么呢!"他

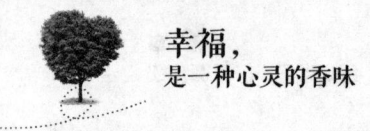

幸福，
是一种心灵的香味

们认为这才是财富的真正价值。

不错，当一个人有钱了应该去享受，感受一下生活的美好，品尝一下各种美味，但是万不可将它当成一种习惯。当你把这种使用财富的方式当作一种习惯，理所当然地认为这才是体现财富价值的方式时，你就会像用了毒品一样上瘾。这还不是最可怕的，世事无常，当有一天你失去这些财富的时候，你会感到非常的痛苦。更重要的是，你的财富在这个世界上并不能留下什么东西，完全没有价值而言。

财富就是拿来使用的，这没有任何问题，但在使用的过程中要讲究恰到好处，如同做饭一样，盐是必不可少的东西，放得少了没有味道，但放得多了会让人难以下咽。财富的使用也应该如此，恰当地使用财富，把它用在有意义的地方，这样才能充分体现出财富的价值。比尔·盖茨的生活就非常节俭，穿的是便宜的牛仔裤、衬衫、内衣等，这让那些做名牌衣服的企业很是"忧伤"；出差绝对不会选择头等舱，经常坐的是经济舱；住宿绝对不会选择总统套房，一定是普通客房；用餐绝对不会大鱼大肉或者浪费，他最喜欢的食物是简单方便的汉堡。这就是他的生活习惯。

有一次，比尔·盖茨去纽约出差，纽约公司负责接待的是一名刚任职不久的员工，对比尔·盖茨并不是很了解，只知道他非常有钱。于是，在没有告知比尔·盖茨的情况下为他订了一间总统套房，他觉得这么有钱的人，住总统套房是很平常的事情。

比尔·盖茨在纽约办完事情已经到晚上了，工作人员将他领到房间，他一看是总统套房，脸顿时就拉了下来，拿起电话打给纽约公司的负责人，狠狠地把对方批评了一顿。怎么办呢？退是不可能的，酒店有规定，总统套房一旦预订是不能退的。如果换别的房间，

第八章
金钱意识——平衡贪欲

那总统套房的钱就白掏了。无奈他只好强迫自己住了一晚，但一宿都没有睡好。

可以看出，比尔·盖茨一个非常节俭的人，那么他的财富用在了什么地方？财富价值体现在哪里呢？

在公司项目研发中，他不惜一掷千金，和生活中的自己完全不同；对于一些生活窘迫的穷人，他会毫不犹豫地慷慨解囊，积极地去帮助他们；他曾多次去非洲，与一些艾滋病、癌症患者亲切交谈，为他们捐财捐物。他成立了最大的私人慈善机构，并当着世界媒体的面承诺：去世后把自己所有的财富捐给慈善事业，不会留给儿女一分钱。这样的举动让全世界都为之动容，人们称其为"最乐于慈善事业的人"。

做一些有意义的事情，乐善好施，让财富惠及更多的人，自己成功的同时能够利用自己的财富推动他人乃至社会的进步，这才是财富的真正价值。

消除金钱带来的痛苦

在现实生活中，没有钱会让人感到痛苦，生活中会出现很多烦恼。比如因为你没钱请朋友吃饭，而会让朋友觉得你很吝啬；因为没钱给妻子买很好的衣服，妻子可能会埋怨你。然而，有足够多钱的人并不一定没有烦恼，相反他们的烦恼可能会比没有足够多钱的人更多。

比如自己什么都拥有了，该做的事情都做了，不知道用钱来做什么；儿女为了争夺自己的财产天天钩心斗角，明争暗斗，搞得家庭不和；一些不法分子知道一个人很有钱，可能会对其进行绑架勒

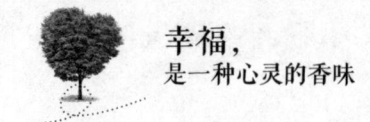

索或者抢劫等，所有这些都是钱所带来的痛苦。

一个人离不开钱，我们每天都要围着钱转，在这个世界上，一个人80%的烦恼都与钱有着直接或者间接的关系。对于大多数人来说，努力赚钱并不能解决生活中的烦恼，因为你赚的钱在增多，生活中的开支也在增多，所产生的烦恼也会增多。同时，当你拥有一定数量的金钱之后，你可能还想拥有更多的金钱，所以，烦恼会一直跟随着你。

这一点我在多年前就深有体会。那时候我还非常年轻，刚参加工作不久，存款也不多，银行卡上只有5000元，而且我要努力地工作才能保证这5000元不会下降。那时候我就在想，如果我有10000元的话，就不必这么烦恼地去努力赚钱了，生活可以过得更好一些。

半年之后，我的银行卡上终于有了10000元。我着实高兴了好几天，但随后又想想只有10000元，用不了多久就会花完，感觉很有危机感，顿时，烦恼的情绪油然而生。我想，我得有20000万元存款，这样我的生活才会更有保障。

就这样，大概过了3年的时间，我的银行卡里的存款一直在增长，但烦恼却一点都没有减少，而且感觉对金钱的欲望越大，烦恼就会越多，越感到痛苦。这就是我当年的感觉，我相信有很多人会有同感，因为钱给自己带来了很多痛苦与不安，甚至让我们身心俱疲。那么该如何消除金钱给我们带来的痛苦呢？

首先，我们要学会理财。美国著名实业家、慈善家约翰·洛克菲勒有这样一个习惯，每天晚上，都要弄明白今天的开支都用在了什么地方才会睡觉。从他的体验中可以明确得知，用这种方法的确可以消除一部分痛苦。因为这样做会让你明白自己的钱是怎么花掉的，使你的每一分钱都花得轻松花得明白。试想一下，你有没有因为装在口袋里的钱花没了，而不知道是如何花掉的而烦恼？你一定有过这样的感受,当然,我也有过。尤其是对于那些做事细致有条理的人来说,这种情况会给他们带来很大的烦恼。

所以,如果你还没有足够的钱,没有专职助理或者会计,而是和大多数普通百姓一样,那么就准备一个笔记本,养成记账的习惯,同时拟定一个花钱的计划,有计划地花钱。

有些人觉得能够随意地花钱才不会有痛苦,但前提是你要有足够的钱这样去挥霍。拟定花钱计划的意义在于让我们在心理上有一个安全感,清除一些因为金钱不足而产生的忧虑。这种方式并不是要抹杀我们生活中的一些乐趣,相反,是为了让我们找到更多的生活乐趣。

其次,量体裁衣,制定适合自己的花钱方案。每个人的经济状况不同,所制定的消费方案也应不同,不要看别人如何消费你也如何消费,这样别人在消费中感受到的是快乐,而你感受到的可能就是痛苦。比如当你的收入增加时,提升自己的消费水平提高生活质量是很正常的事情,但是如果你不结合自己的实际情况,依照他人的消费水平超前消费,那么你的经济状况就会出现"赤字",花钱时带来的喜悦马上会化作痛苦。所以,适合自己的花钱方案才是最好的方案。

再次,调整心态。古罗马政治家、哲学家塞尼加说:"如果你一直觉得不满,那么即使你拥有了整个世界,也会觉得伤心。"当你无法得到你希望得到的东西时,不要让烦恼的情绪来影响你的生活,而是用宽容的心态去思考问题。比上不足比下有余,知足者才会长乐。什么样的心态导致什么样的生活,我们要明白,在生活中快乐远比金钱更重要。

最后,永远不要赌博。生活中因为赌博而家破人亡、妻离子散的事情有太多太多。赌博就会涉及钱,就会给我们带来痛苦。不要

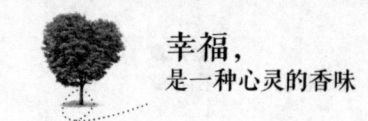

幻想采用赌博的方式发家致富，它只会膨胀你的欲望，让你深陷泥潭不能自拔，给你的生活带来无尽的痛苦。

寻找真正的财富

什么是真正的财富，不同的人对其有不同的理解，从不同的角度分析会得出不同的答案。曾有一个朋友对我说："一个人真正的财富是在任何时候你都能做自己想做的事情。"

对于这个理念，起初我并不是非常认同，随后我们进行了深入的探讨。比尔·盖茨很有钱，他的确可以在任何时候做自己想做的事情，比如他可以在任何时候向有困难的人捐款捐物资助他们，这的确是一种财富的象征。从这个角度分析，财富应该是一种自由，而不仅仅是一串数字。

作为世界各地数百个机场免税店的创办人，切克·芬尼也是一个拥有大量财富的人，虽然无法和比尔·盖茨相比，但也有数十亿美元。在做事业的同时，他用大量的时间和金钱做了很多有意义的事情，比如捐款。这是一种财富的表现形式，也是一种自由。有相当一部分人认为真正的财富是用来购物的，这是体现财富最好的方式。但对于一个商人来说，真正的财富不仅仅是用来买东西，而是可以有更多的时间去做更多有意义的事情。

时间是一个人的财富之一，俗话说"一寸光阴一寸金，寸金难买寸光阴"讲的就是这个道理，时间是一个人一生中最宝贵的财富，任何贵重的东西都不能与它相提并论。因为时间不等任何一个人，一去将不会复返。车子坏了，你可以花钱来修好它，非常贵重的手机丢了，你可以花钱再买一个，而时间过去了，你永远无法找回。

第八章
金钱意识——平衡贪欲

所以说，一个人如果能够自由地使用自己的时间，那么时间这笔财富就会被更有效地运用。

但遗憾的是很多人都无法有意义地使用这一笔财富，因为没有钱，不能自由地使用它，所以我们需要钱来带动这笔财富的运用。但你要赚钱就必须耗费大量的时间，也会出现不自由，两者之间似乎有矛盾存在，同样无法体现你真正的财富。

朋友小张是一家医院的主治医师，年薪30万元，目前已经积累了一定数额的金钱，可以买自己想要买的东西，做自己想要做的事情，但他依然还是不分昼夜地工作赚钱，看着银行卡内不断上升的数字，他感到非常高兴。

对于他想要的东西及想做的事情，他没时间甚至不敢肆意地买或做，因为这会影响到他的收入和目前的生活状态，所以，他就这样年复一年日复一日地持续工作着。从社会发展的角度分析，这样的人是非常有价值的。但从个人生活来分析，他创造的只是一串数字，而并非财富。他是在用时间来换钱，并非用时间创造财富，我认为这不应该是一个人生活的本质。

我们从商业经营的角度再探讨一下什么才是真正的财富。有一个商人每年收入100万元，20万元存起来，80万元投资出去，这样他可以从投资出去的80万元中每年获得10万元的利润。有一个创业者，他每年的收入是20万元，但必须每天挖掘客户，努力地工作。两者相较，在追求财富的过程中，前者有更多的自由时间，后者则完全被时间所捆绑。前者创造的财富是永久性的，而后者是临时性的，如果他不工作就不会有收入。

抛开金钱，一个人的真正财富还体现在人性上。金钱必不可少，因为它可以解决我们的衣食住行问题。但拥有足够多的金钱并不意味着拥有真正的财富。

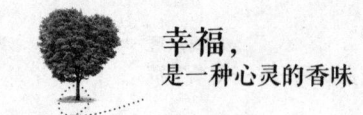

幸福，
是一种心灵的香味

　　如果一个人唯利是图财迷心窍，为了钱贪污受贿、坑蒙拐骗、制造假冒伪劣产品，敲诈勒索践踏法律道德，这样的人即使有再多的金钱，也不能说他拥有真正的财富。而且这样的"财富"是不稳定的，迟早有一天会失去。而拥有真正财富的人，他们身上的金钱可能会随着时间的推移减少，但真正的财富永远不会消失，会影响一代又一代人。

　　相信你已经明白我想说的真正财富是什么，那就是一个人用钱买不到的东西，道德、理想、渊博的知识，乃至很多可以让我们幸福生活的东西。

　　有一个人家庭幸福，夫妻恩爱，有很多知心的朋友，亲友之间互爱互助，但是家里只有 5 万元的存款；有一个人存款 100 万元，但知心朋友很少，为了争夺财产妻离子散，多年来由于一门心思地赚钱，失去了很多朋友，亲友之间很是生疏。那么你会觉得哪一个人的财富更多呢？

　　我认为是前者，而且他拥有的是真正的财富，这些财富是无法用金钱购买的，是一个人一生最宝贵的财富。不管你是商人还是平凡人，我希望大家都能够拥有真正的财富，而不是一串诱人的数字。

第九章

为"心"环保——保护心灵

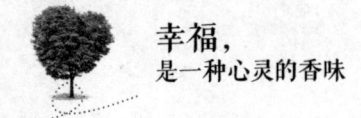
幸福，
是一种心灵的香味

认识心灵环保

大自然需要环保，人的心灵也需要环保。随着人们对物质需求的提升以及社会活动的复杂化，贪、嗔、痴等各种烦恼及盗、淫、妄等各种恶业也在增长。究其原因，就是因为人类的心灵没有得到有效的环保。

所谓心灵环保，是指通过各种干预保护提升个人心灵的健康，重塑理想的人格，清除不利于长远发展的人格障碍，解答心中的疑问，保持一个健康的心灵。

事实上，每个人心中都潜藏着许多种子，有善良的种子，也有邪恶的种子；有淡泊名利的种子，也有视财如命的种子；有爱的种子，也有恨的种子；有谦和的种子，也有傲慢的种子；有慈悲的种子，也有残忍的种子，等等。每一颗种子都对等地住在你的心中。心灵环保的目的就是抑制那些消极的种子，滋润那些积极的种子，让积极的种子茁壮成长，让消极的种子不要发芽。

在生活中，我们经常会遇到一些自己不喜欢的人，比如动不动就发脾气，不讲道理的人；经常小偷小摸，不知悔改，我行我素的人；有一点钱权就自认为了不起，待人傲慢的人，等等。这些人总是让我们觉得很讨厌，避之而不及。他们之所以是这样，是因为其心灵没有得到很好的环保，对应的消极种子长过了积极的种子，心灵被污染，人格随之堕落。

第九章
为"心"环保——保护心灵

在前面探讨智慧的时候我提到过,开发一个人的智慧就是要不断扔掉心中不善良的东西,也就是负能量,吸收并发扬正能量。其实,这也是一个滋润种子的过程,它能够让我们的生命得到很好的改善。

对心灵进行环保,首先我们要认识到哪些心态是不利于身心健康的,需要去抑制或克服;哪些心态是有利于身心健康的,需要去努力培养。但心态的调整、修炼不是一朝一夕就能够完成的,在日常生活中,需要时刻注意对心的修炼,呵护善良积极的种子茁壮成长,抑制消极的种子。每个人心中都有邪恶和消极的种子,无法消除,它们和积极的种子共存,处于此消彼长的状态,所以我们要抑制而不是消除。

在研究心灵环保这个课题时,我认识了这样一个人,他那一年28岁,因为抢劫罪被判服刑14年。你的第一感觉肯定认为这是一个十恶不赦的人,小时候没有学好,才导致长大后学坏。当时我也是这样想的,但在我走访了他们的家人之后,才发现他并不是我想象的那样。

他在小的时候是一个非常乖巧听话的孩子,尊敬父母,听父母的话,嘴很甜,见到同村的长辈都会亲切地称呼,很受大家的喜欢。而且他胆子特别小,他的父母告诉我,他小时候和同学一起去上学,路边遇见了一条小蛇,别的孩子拿起木棍准备把蛇打死,而他却躲得远远的,还劝其他的同学不要打。他的父母万万没想到,这样一个善良懂事的孩子会做出抢劫的事情。

由于家里经济状况不太好,上完初中后他就没有再上学,到外地打工赚钱,之后每年春节回家一次,家里人也没有发现他有什么异样。然而,就在28岁那年,他做出了让家人和同村所有人不可思议的事情,抢劫一个商人38万元后被抓入狱。

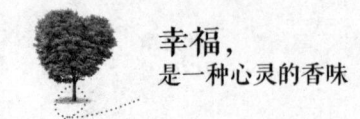

幸福，
是一种心灵的香味

　　分析这个案例，他在上学的时候心灵是健康的，最起码在同龄人当中，比起其他同学心灵要健康很多，可以推断，他在外出打工之后心灵发生了很大的变化。可以想象，外面的世界虽然很精彩但也有很多无奈和诱惑，一个未成年的孩子在各种诱惑下生活，心灵自然不会得到环保，消极的种子会慢慢发芽直到长大，从而导致他走上犯罪的道路。

　　试想一下，如果他懂得心灵环保，知道心灵环保的重要性，那么他就会抑制消极种子的发芽，就不会做出损害他人利益的事情，说不定通过自己的努力奋斗还会有所成就。由此可见心灵环保的重要性。

人人都需要心灵环保

　　有位心理学家曾说："人是最会制造垃圾污染自己的动物之一。"一个人在现实的世界走得久了，心灵就会不可避免地受到污染，有些抵抗力差的人污染相对严重，有些抵抗力强的人则相对比较轻。

　　不管在生活中还是工作中，我们都会时不时地遇到一些影响自己心情的事情，有些人可能会说："这很正常啊，生活中难免会遇到这些事情，没什么大不了的，不在意就行了，对自己也不会有什么影响。"真的对自己没什么影响吗？不尽然。也许你心里想不搭理这些事就行了，但依然会不自觉地去思考它们。

　　三人成虎的故事我们应该都听过。曾经有一个猎户带着三个徒弟去打猎，由于徒弟们都是新手，为了保证他们的人身安全，猎户特意带他们到了一个没有老虎的山头教他们。

　　中午吃过饭之后，猎户靠在一棵树上休息，三个徒弟一起出去

第九章
为"心"环保——保护心灵

寻找猎物。三个人走到一个一片树木茂密的树林中时，看到一排茂密的竹子后面有东西在动，动静很大，他们以为是老虎，于是其中一人赶快跑到猎户跟前说："师父，前面有一只老虎。"

猎户淡定地说："不可能，我在这片山林几十年了，有没有老虎我不知道啊！你们肯定看错了。"

这个人回来之后告诉其他两人，说这个山林没有老虎。于是他们接着观察，突然有一只脚从灌木丛中露了出来，他们没有看清楚，但觉得很像老虎。于是第二个人又去告诉猎户说有老虎。猎户半信半疑地说："怎么可能，这地方从来没有老虎出现过，你再去观察一下。"这个人回来之后继续观察。

过了一会儿，灌木丛中露出了两条腿，一个人紧张地说："赶紧走，老虎来了。"另一个人说："不要害怕，赶快通知师父。"于是，第三个人又去告诉猎户说有老虎出现。猎户听后立马站了起来，说："赶紧走，带我去看看。"经过一番查看，原来是一只野猪在灌木丛中。

这个故事告诉我们，一件事情说一次可能你不会相信，但说得多了你自然会相信。我们的心灵也是如此，你自认为你的心灵很健康，不会被一些不好的东西所影响。但是，如果在你的身边经常发生一些有损心灵健康的事情，那么你的心灵就会或多或少受到影响。所以，不要觉得自己的定力很强就不需要心灵环保，任何一个人都需要心灵环保。

如心理学家所讲，每个人的心中都存在一些"垃圾"，这些"垃圾"也许是我们对金钱的贪婪，让我们变得急功近利；也许是我们曾经受过的伤害，心中始终有阴影；也许是一些我们一直躲避不愿去面对的陋习，总是影响着我们的行为。总之，这些"垃圾"或多或少都存在于每个人心中，一直破坏着我们的心灵。客观地想一下，

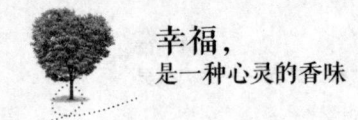
幸福，
是一种心灵的香味

你的心中是否有类似的"垃圾"？我想答案是肯定的。

一个人的心灵如同一个房间，房间不打扫会落满灰尘，变得很脏，我们住在里面就会觉得不舒服。也许你习惯了这样的环境，不会觉得不舒服，但是对于他人来说会觉得不舒服，进而改变对你的看法，觉得你是一个不讲究卫生的人。心灵也是如此，如果我们不能清除掉心中的"垃圾"，你就会觉得不痛快，不舒服，甚至痛苦。比如有些人在遭遇挫折打击后一蹶不振，感到很痛苦，这是因为你没有及时清理掉心中的"垃圾"，继而影响到了你心态的健康，使你产生了消极行为。

即使你对自己的心灵状态已经习惯，不感觉到不舒服或者不对劲，但在你与他人交际的过程中，也会让他人觉得不舒服或者不痛快，必然会影响到自己的交际。所以说，无论从哪个角度分析，心灵中的"垃圾"都有百害而无一利。

房间中有形的垃圾容易清扫，而心灵中这种虚幻的"垃圾"却极不容易清扫，因为需要我们与其进行对抗博弈，而我们总是因为太忙、太累不愿意去清理，这就造成了一些人心灵"垃圾"越积越多。前段时间经常听说一些老人碰瓷的事情，许多善良的人对于跌倒的老人也不敢去扶。对于老人来说，不是他们变坏了，而是由于心灵中的"垃圾"长期没有清除而使他们变坏了。对于那些面对老人跌倒不敢去扶的人来说，需要注入积极的力量，想办法解决心中的问题，比如用手机拍照的方式扶起老人。

拜金主义、追名逐利、弄虚作假、酗酒、赌博、暴力、痛苦、烦恼等，这些心灵上的"垃圾"，每个人都或多或少有一些，或者很容易沾染上，这是一个人心灵不健康的表现。那么，要想清除掉这些"垃圾"，最好的方式就是进行心灵环保。

第九章
为"心"环保——保护心灵

心灵环保从"心"开始

心灵环保是一个长期且需要坚持去做的事情，可以说，在一个人的一生中一直需要进行心灵环保，短时间的心灵环保不会起到多大的作用。俗话说："心病还需心药医。"既然是心灵环保，自然需要从"心"开始，这样才能达到最好的效果。

心灵环保需要从以下两个方面入手：

第一，我们自身要从内心有这样的需求，树立迫切的环保意识。对于自然界，所产生的一些危害是有形的，看得见摸得着。比如森林被大规模砍伐，河流被大规模污染，动物被大量捕杀，草原大面积沙漠化，等等。这些有形的、不利于自然发展的现象会时刻提醒我们应该具有环保意识，应该对自然界采取环保措施。然而在人的内心世界中，很多危害我们看不到也摸不到，只能去感受分析，甚至有些危害我们已经习以为常，并不认为它们是危害我们心灵的"垃圾"。

对于侵害心灵的"垃圾"，如贪、嗔、痴、烦恼以及各种名利的诱惑，从内心出发，想一想它们是不是已经让我们心神不宁，是不是已经限制了我们心灵的自由，我们的内心是不是正在面临着与生态环境同样的危机。

有些人之所以无法从心灵的危机中得到解脱，是因为太执着，总觉得自己的心灵很健康，没有问题，已经习惯成自然，感受不到心灵中的消极因素。执着让我们的心灵受到约束，使我们的眼光变得狭窄。我们有太多的人每天考虑的只是自己，以及自己的家庭，将自己禁锢在自己的世界里，所以有时候很难发现心灵中消极因素的存在。执着是让我们心里产生烦恼障碍的根本，所以我们要用一颗平等的心来看待一切，用超然而清净的心态来看待自己的内心。

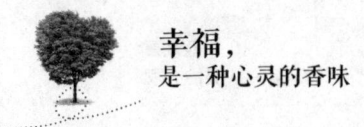
幸福，
是一种心灵的香味

这样我们就可能具备正确的认知能力，从而解脱束缚心灵健康的那些烦恼和忧愁。

此外，我们需要构建一颗善良的心。用友好的心态看待一切，你得到的必然是友好的；用邪恶的心态看待一切，一切也会让你觉得那么厌恶。所以，我们要有一颗善心，当我们意识到自己的心灵饱受煎熬时，在对自己的心灵进行环保的同时，从善意的角度去思考，其他人是不是也和我一样遭受着这样的痛苦？我应该去帮助他们免受煎熬。当你有了这种心态之后，就会努力寻找最好的方法来平复自己的心态，保护自己的心灵。因为你知道，只有你找到解决心灵问题的方法，才能帮助其他人，你的心灵也会很快得到环保。所以，当你用善意的心态考虑问题时，表面看我们是为了帮助他人在努力，其实我们帮的是我们自己。这便是善心的力量。

还有一种心态能够帮助我们很好地进行心灵环保，这就是"惭愧心"，这是一种重要的心理力量。平时在生活或工作中，我们经常会因为一些事情而感到惭愧，因为有了这种心态，所以使得我们明白了哪些事情应该做，哪些事情不应该做。试想一下，如果一个人不知道羞愧，那么他该是多么可怕！

惭愧并不是一种消极的心理因素，而是保健我们心灵的重要因素。当你感到惭愧的时候，说明你有很强的道德意识，能够经常进行自我反省和审查。每个人都会犯错，关键是你在犯错时是否会有感到惭愧的心态。在惭愧的心态下，我们会对犯下的错误进行忏悔，在忏悔的过程中，就能够消除心灵中消极的因素，促进我们的心灵得到有效的环保。

第二，正确认识自己。做正确的事情关键在于正确的认识，心灵环保更是如此。正确地认识自己的心，可以帮助我们更好地了解自己心理活动的规律，明白哪些心理是健康的，哪些心理是会给自己带来痛苦和伤害的,从而更有针对性地来维护心灵的健康。

一位哲学家曾说:"当我们缺少一样必需的东西时,我们痛苦了;当我们渴求一样并非必需的东西而不可得时,我们十倍地痛苦了。"这说明,一个人的心灵在遭受损害时并不是说这个人缺了什么,而是他的欲望变大了。事实上,每个人都有一定的欲望,我们要客观地认识自己的欲望,对钱的欲望、对名利的欲望,等等,然后勇敢地去面对、判断,这样当我们的欲望产生时,我们便可理智地进行调节,避免心灵遭到侵害。

我们每个人都生活在自己的感觉里,感觉的存在使我们产生了烦恼,但是你现在的烦恼对于别人来说可能就不是烦恼。比如我们每个人都喜欢自己的家乡,在外打工一年,总是惦念着家乡的父母、家乡的小吃和家乡的好朋友,希望春节与他们团聚。而这些对于有的人来说就没有任何意义。同样,每个父母都觉得自己的孩子是最漂亮最重要的,可是在别人眼里你的孩子就与大多数孩子一样,无足轻重。

每一个人心中的烦恼都是自己制造出来的,转换思维,换位思考,你就可以避免很多看似很麻烦的麻烦,让自己的心灵承受更小的负担。

让心永存希望

做任何事情,有希望就会有信心,有信心就会有可能。尽管在生活中有太多太多影响我们心灵健康的事情,让我们感到愤怒甚至失望的事情,但不管什么事情,对我们的心灵造成了什么影响,我们都应该心存希望地去看待,这样不仅能够最大程度地保持我们心

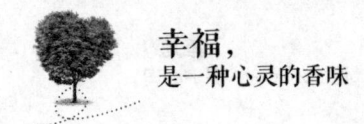

幸福，
是一种心灵的香味

灵的健康，更有利于事情朝着好的方向发展。比如当你遇到困难挫折时，不要觉得自己无法战胜困难，不能跨越挫折。我们要明白困难和挫折只是暂时的，只要认真对待迟早会过去。

我们可以通过以下三个方面来保持心中的希望，维护心灵的健康。

第一，寻找。这里的寻找是指，当出现影响心灵健康的因素时，我们要寻找原因、结果、事物的本质等，从而释放自己的心灵，让心永存希望。

有相当一部分人在事情发生之后，因为不积极地去寻找而变得怨天尤人，心灵陷入了困境，自我责备，使得心灵失去了希望。比如在人际交往的过程中，当与对方发生冲突时，你的心灵一定会发生很大的变化，也许你会怨恨对方，也许你会自责，其实这都不是最好的处理方法。你首先要做的是了解对方善良的动机，也可以说是寻找对方善良的动机。当你受到领导批评时，不要觉得领导是故意和你过不去，故意找你的麻烦，从积极的方面去思考，寻找他这样做的动机也可能是为了你好；当朋友对你提出让你很不舒服的建议时，先不要急于去责怪你的朋友，俗话说"忠言逆耳利于行"，从积极的方面去寻找朋友提这些建议的善良动机。当你找到这些动机的时候，心灵就会得到安慰，心就不会失望。

也许你会问："领导指责我们的确是故意找我们麻烦，朋友提建议的确是出于嫉妒，根本找不到其善良的动机，这该怎么办呢？"

如果是这样，我们需要从另外一个角度去寻找积极的东西，不要让心灵长久停留在那些消极的东西上。比如我们可以寻找领导、朋友这样做对自己起到的积极作用。比如领导故意找我们麻烦可以锻炼我们的交际能力、应变能力、工作能力等，朋友出于嫉妒或者不怀好意的建议可以对我们起到警示作用，让我们做事更加谨慎。

第九章
为"心"环保——保护心灵

除此之外，我们还可以进行更深入的寻找，比如当妈妈责备你的时候，你心里的不快即将爆发的时候，在寻找妈妈善良的动机之外，我们还可以深入地了解妈妈成长的坎坷过程，她的人格特征等。比如通过寻找善良动机，你知道妈妈这是为了你好，可心里仍有不快，这时你要敞开心扉地去看你的妈妈，她变白的头发，脸上的皱纹，人生的坎坷，小时候遭遇到的家庭磨难等。当所有这些都被你寻找到的时候，你会不自觉地产生一种感动，这种感动能够融化心里的抱怨与不满。这便是寻找的目的。

第二，释放吸收。主要是指释放负面情绪及能量，吸收积极的能量、正面的支持等，来滋养心灵。

比如你失恋了，男（女）朋友因多种原因离你而去，这时你一定感到非常痛苦。这种现象很正常，也是人之常情。但是不可持续得太久，要尽快从这个阴影中走出来，否则会极大地影响心灵健康。为此，我们要懂得释放心中的负面情绪和能量，通过做一些自己喜欢做的运动、吃自己喜欢吃的食物、和好友沟通聊天来释放心中的痛苦。

当然，还要懂得吸收积极的能量、寻找正面的支持。比如当你感到痛苦的时候，可以看看身边那些不如自己的人（这样做虽然有些不道德，但也不失为一种方法）、失恋好几次的人，这样你的心理会或多或少得到一些安慰，痛苦也会减少，这就是在对比中吸收积极的能量。此外，找自己的好友聊天，认真地去领会好友对你的安慰，同样也可以吸收到正面的能量，这样你心灵中的失望会减少，信心会增多。

第三，提升"心力"。"心力"是心理社会能力的简称，是有效地处理日常生活中的各种需要和挑战的能力。"心力"强的人可长久保持心中的希望，在心灵遇到负能量时，可快速调整出正能量，通

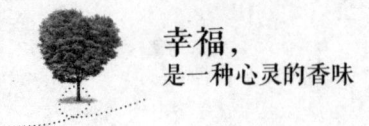
幸福，
是一种心灵的香味

俗地讲就是可以最大程度地保持心中的希望。

"心力"主要包含四个方面：察觉、表达、同理心、信赖感。察觉是指在影响心灵健康的因素出现时能够及时地发现，正确地分析出现这种因素的原因等。比如你最近很郁闷，如果你不知道自己为什么有这种感觉，说明你的察觉能力很差；相反，如果你知道郁闷是因为某件事情造成的，说明你的察觉能力较强。

表达是指用正确的方式传递影响心灵健康的消极因素，当郁闷烦恼的事情出现时，需要用一种合理正确的方式将其释放。比如有些人用抱怨的态度去表达，可能会让自己更加郁闷和痛苦。

同理心是指懂得换位思考，当你经受这种痛苦烦恼的时候，他人是不是也在经受同样的痛苦和烦恼，通过同理换位对比，来平复自己的心态，继而理智地去处理。

信赖感是指对某人或某事的坚定，从而反作用到自己的心灵中，促进坚定的希望。比如向好友倾诉痛苦和不满的时候，你要对其有强烈的信赖感，只有这样你的负能量才能最大程度地释放，同时也才能够吸收更强的正能量。

及时去除负面情绪

现实生活中，随处可见一些可以滋生负面情绪的因素，比如媒体中报道的贪污腐败、演艺圈中的一些潜规则等，每当看到这些的时候，相信每一个有良知的人都会感到愤怒，当然，也会极大地影响我们的情绪。

明代思想家王明阳先生说："山中之贼易治，心中之贼难防。"心中的负面情绪便是心中之贼，由于外界很多不可预料因素的影响，

第九章
为"心"环保——保护心灵

负面情绪时时都有可能侵入我们的心灵,当这种负面情绪长期积累达到一定程度之后,不及时去除,就极有可能被其同化,后果不堪设想。

有人说:"人有天使的一面,也有魔鬼的一面。天使的一面,也就是乐施好善;魔鬼的一面,也就是私心杂念。"时刻让自己保持正面的情绪,那么你就是天使,而心中的负面情绪长期不清除,在被负面情绪同化之后,你可能会变成魔鬼。

这样的例子在生活中有很多,一个品学兼优的学生最后变成一个小偷,一个年轻时单纯老实的朋友,多年之后变得油嘴滑舌骗你的钱。究其原因,是因为他们原先纯净的心灵遭到了污染,一些负面情绪长期占据其心里,而没有及时地去清除。

记得我上学的时候,考试一不及格就会遭到父母的批评,每当这个时候我都会感到难过甚至害怕。后来一听到有人批评我,我就会感到不舒服,甚至有进行反击的冲动。长大后我开始研究这种现象,最后发现,一个人负面情绪的产生很多时候是由于曾经的伤害记忆,也就是说,一个人负面情绪产生的导火线是曾经的负面记忆。

俗话说:"一朝被蛇咬,十年怕井绳。"由于曾经的记忆,当我们预知到自己会受到伤害时,身体内留存的负面情绪就会牵头,飞快地调动身体内的各种能量和应对机理,快速地做出防御或者回击性反应。所以,只要受过伤害,只要可能受伤害,负面情绪就不会消失。

对负面情绪有了深入的了解之后,我们就要坦然地接受、面对自己的负面情绪,这样当负面情绪出现时,才有助于我们及时去除它,或者不让它在自己的心灵中长期滞留。

通常,较少的负面情绪对心灵不会造成大的影响,而当负面情绪积累到一定程度之后,就会影响心灵的健康。那么,负面情绪的

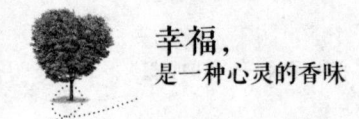
幸福，
是一种心灵的香味

多少如何判断呢？当然，我们无法用数字来衡量负面情绪达到多少时会影响心灵健康，需要从个人状态来判断。当你总是能够很好地看清自己的负面情绪，不被负面情绪控制及影响时，这个状态就是健康的；当你因为负面情绪而变得冲动、被情绪推着去做某些事情的时候，便是不健康的，需要及时地释放去除。

通常，去除负面情绪的方法有两种。

第一种，通过行为释放去除。比如有些人会把自己一个人锁在屋子中大哭一场，或者将某人大骂一通，或者摔打布娃娃等。通过这些方式，负面情绪就会被释放清除。当然，这也是最原始的一种方法。

第二种，当负面情绪产生时，先让自己冷静下来，克制自己的情绪，离开让自己产生负面情绪的环境，转移自己的注意力，通过心态调节来消除负面情绪。

以上是两种最常用的方法。此外，在平时的生活中，我们还应该注意为自己减压，放松身体。比如制定健康的作息时间，当负面情绪出现时约朋友一起去唱歌、运动等，这些都可以有效地去除负面情绪。

处世方圆之道

心灵受损，很多是在交际中产生的，主要是与对方的距离保持不当而造成的。所以，要很好地对心灵进行环保，一定要懂得拿捏人际交往的关系。

在授课的过程中，经常有一些刚刚走入社会的人会问我："武老师，我与一个同学在大学时关系一直很好，但毕业之后发现忽然疏

第九章
为"心"环保——保护心灵

远了。多年后再次联系他的时候,他的态度也变了很多,真的很难过。""武老师,我有一个很好的朋友,原先我们关系不是很好,自从我们合伙做生意之后,关系密切了很多,但最近老是因为一些小事而吵架,这让我很是受伤,这是怎么回事呢?"

类似的事情相信我们很多人都遇到过,或者正在面临着这样的问题,心灵很受煎熬。客观分析,产生这种情况的原因主要来自两个方面,你和他。对方的行为状态你是无法控制的,唯一能控制的就是你自己,和对方保持一定的距离,就可避免因为某些事情而影响你和对方的心灵。

在人际交往中,每个人都有一个安全界限,走得太近,别人会下意识地进行设防,意图躲开你,这时你的自尊心就会受到伤害。走得太远,别人又感受不到你的诚意,达不到很好的交际效果。所以,最好的方式就是保持一个让双方感到舒服的距离,这样既能达到良好的交际效果,也能避免自己的心灵受到伤害。

在心理学中有一个专有名词:同在而不侵入。意思是说,在交际的过程中,让彼此感受到同在一起的感觉,同时又不侵入彼此的安全界限,这才是最好的一种交际方式。记得在上中学的时候,我有一个同学,很是内向,也很安静,话非常少,而且在发生一些让自己紧张的事情后马上就会脸红。但是我却非常喜欢与他交往,原因是我和他在一起聊天的时候,他总是会认真地倾听,有时候我说了一个不怎么好笑的笑话,他会第一个大笑。每个人都喜欢这么两类人,一类是因为他很幽默,给大家带来快乐;另一类是因为他懂得欣赏他人的幽默,让对方感受到存在感。其实,不管是本身就幽默的人还是懂得欣赏对方幽默的人,他们都能够给对方一个舒服的安全距离。

人际交往的距离包括身体距离和心理距离,身体距离很容易理

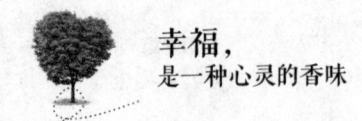
幸福，
是一种心灵的香味

解，比如当你和陌生人交谈时，离得太近对方可能会做出防备动作，离得太远对方会觉得你不够真诚。因为我们探讨的是心灵环保方面的问题，所以下面主要分析交际中的心理距离。

事实上，当下有太多的人，他们不知道如何把握与对方的心理距离，或者是因为自己不够自信，担心自己不够好，对方会拒绝自己；或者是因为担心热脸贴上冷屁股，自己没面子，所以在他们的心里积累了很多孤单因素，有很多心里话无处诉说，久而久之心灵便会变得不健康。相反，如果放下所有的担心，勇敢地去和对方真心沟通，又可能会"吓着"对方，反而出现之前自己担心的事情，同样对心灵也是一种侵害。

对此，我们可以对要接近的人进行分类，根据不同类型恰当地制定心理距离，这样就可以在心态良好的情况下达到最好的沟通效果。比如，我们可以把朋友分成以下四类：

第一类：闺蜜，可以在任何时候说真心话的朋友，可以在凌晨三点打电话聊天的朋友。如果你不确定哪些人属于这类，可以在你住院的时候打电话给朋友，问问他们谁愿意来医院陪你一天；或者在遇到紧急事情的时候，看看谁第一个或者最愿意帮你。愿意陪你或者最愿意帮你的朋友，便可以把他们放入这一类。这类人便可以敞开心扉地与他们聊天。

第二类：亲近的朋友。与他们在一起聊天的时候你会很开心，也很放心，不会有较强的戒备心理。但对方不会对你诉说藏在自己内心的"秘密"，有压力时也不会和你一起分享承担。和这类人就需要保持相应的心理距离。

第三类：接近朋友的朋友。他是你的朋友，但在有些事情上总有一些隔阂，交际中总是以"官话""场面话"为主，和这类朋友聊天你不会感到压力，但心理距离不可轻易靠得太近。

第九章
为"心"环保——保护心灵

第四类：认识，但不是很熟悉的朋友。彼此知道对方的名字，有过几次一面之缘，对方还在观望你可不可以成为他朋友。

以上四类人是交际生活中经常遇到的，与不同类型的人沟通时，我们的心态通常也会不同。要达到良好的沟通交际效果，就需要保持彼此之间的心理距离，这是一种交际方式，同时也是一种对自己的心灵进行环保的方法。

| 第十章 |

自我重塑

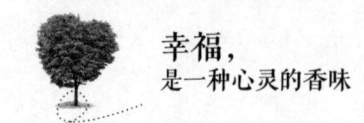

自我价值

所谓自我价值，是指一个人在工作和生活中，对社会以及他人做出的一种贡献，随后社会及他人对这种贡献进行的一种肯定。每个人都有自我价值，只是有的人价值高，有的人价值低而已。比如科学家研究了一项能够推动人类进步的项目，政府给予了相应的奖励，这便是自我价值的体现；你每天默默无闻地在一个小公司上班，每月公司发给你一定数额的工资，这也是一种自我价值的体现。只不过与科学家相比，你的自我价值不及他而已。

当下，有相当一部分人因为悲观的心态，意识不到自我价值的存在，这主要是由外界因素刺激和自我心理认识而造成的。比如父母对孩子说："你不好好学习，我就不管你了！""考不上好大学，你就是一个没用的人。"这让一些孩子的自我价值观发生了扭曲，甚至说给了他们一个标准，当他们考不上好大学的时候，就会悲观地认为："我是一个没用的人，我无能。"这使得他们的自我价值被埋没，心态也会受到消极的影响。

所以一个人的自我价值不能被条件化，我们也不要把自我价值与一些条件扯上关系。比如虽然你生意失败了，但你还是有价值的，在做生意的过程中你养活了很多员工，你制造的产品解决了客户的问题，推进了社会的发展，等等。这就是一种自我价值的体现。我们需要做的是将自我价值放大。

第十章
自我重塑

有些人错误地认为自我价值是金钱、权利、地位、学历等，这种观念是错误的。因为所有这些都是一些外在的东西，真正的自我价值不需要外在的物质来证明。

自我价值的实现是一个不断发现自我，不断挑战自我的过程，在这个过程中，我们会最大程度地扬长避短，不断提升个人的能量。俗话说："当局者迷，旁观者清。"一个人最大的敌人就是自己，很多人都很难清楚地认识到自己的价值，也就很难给自己一个准确的定位。一方面是我们不能客观地看待自己，另一方面是我们不敢正视自己，因此我们也不敢挑战自己。有人说："强者是用行为控制思维，弱者是用思维控制行为。"同样，不敢正视自己、挑战自己的人往往缺乏发现自我价值的意识。

有一个女孩，刚刚毕业去郑州工作，月工资2000元，不敢随便请别人吃饭，也不敢随意交际，工作业绩也很一般。一时间她找不到了自己生存的意义，找不到自我价值。相对于自己的理想，现实生活是那么残酷：她刚刚大学毕业，没有太多的工作经验，也没有太多的经济基础，目前的工作也不是很如意。一时之间她迷茫了，这么痛苦地活着的意义是什么？很长一段时间她都不能发现自我的价值，一直被一片阴霾所笼罩，不知道自己的方向在哪里。

直到有一年春节回家，在火车上遇到了和自己同龄也是刚刚参加工作的朋友，在聊天的过程中她将自己的情况告诉了他，只听他说："你这已经很不错了，你看……"对方和她相比，说了一大堆她现在的优势，这时的她才开始反思，自己为什么要否定自己呢？

是啊，自己为什么要否定自己呢？一个人越是否定自己，自我价值越是难以被发现，自信心越是微弱，这对于个人发展来说没有一点好处。

所以，我们需要发现自我价值，肯定自我价值，不管在任何时

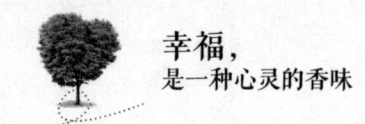

幸福，是一种心灵的香味

候，不管自己目前的工作、生活状态如何糟糕，都要树立自信、自爱和自尊的观念。

自信是自己对自己的一种信任。一个对自己没有信心的人，可能对别人也不会有信心，同样别人对你也不会有信心。天生我材必有用，任何一个人都有自己特有的技能，任何一个人活在这个世界都是有价值的，相信自己的能力，勇敢地去做那些该做的事情，自我价值才会油然而生。

自爱是对自己的一种爱护。自己都不爱护自己，你就不可能爱护别人，同样别人也不会爱护你，你的价值自然无法体现，因为你没有机会体现。不抛弃不放弃，这是自爱的具体表现，比如工作受挫了，不要灰心丧气，也不要抱怨，更不要用酒精等去麻醉自己，继续战斗才是实现自我价值的最好方法。

自尊是对自己的一种尊重。我们一直说要尊重他人，其实我们最应该尊重的是自己，只有自己尊重自己了，你才会尊重他人，他人才会尊重你。你和他人的价值才会清楚地呈现，才有利于提升自我价值。

在生活中我们每一个人都是小角色，自我价值的提升需要在成长、磨炼中不断实现，而自爱、自信、自尊是体现自我价值的基础。

人格特质重塑

我们都说："父母是一个人一生中的第一任老师。"他们教会了我们说话、走路、认字、拿筷子等生存必需的本领。那么，一个人的人格特质有没有受到父母的影响呢？

分析你身边的人再结合自身的情况你会发现，如果一个人在成长的过程中，父母对他的态度是慈爱、温和的，那么这样的人通常也愿意相信自己身边的人是慈爱、温和的，同时自己也会具有这样的人格特征。相反，如果父母对他的态度是严格、苛责的，只要做错事就会遭到批评甚至被打屁股，那么这样的人在内心中总会笼罩着一个阴影，产生自卑感，长大后也容易用这样的态度对待他人。

显然，一个人的人格特质与父母有直接的关系，父母负面的教育观念会慢慢地渗入你的人格特质中。那么，为了重塑我们的人格特征，我们需要对融入自身人格特质的负面因素有一个全面的了解。

李静，43岁，一家外资企业的部门主管，她在上完我的课程之后告诉我，她在一个家教非常严格的家庭中长大，父母都是教师，小的时候做任何一件事情都对她有着非常严格的要求，当她做得不对时，父母会责令她重新再来直到做好。长大之后，不知不觉中她也有了对他人严格要求的特质，而且比较强势，对孩子和下属会坚定地要求他们按照她所说的去做。后来，当他们在越来越多的事情上无法按照她的要求去完成时，她开始对自己的人格特质产生了怀疑。

李静对自己人格特质的怀疑并非个案，事实上有很多人都是这种状态，原因就是小的时候父母对自己要求过于严格。比如当孩子一件事情没做好时，父母会严厉地说："又做错了，怎么这么笨呀！"说者无意听者有心，父母也许只是随口说说，而当孩子慢慢长大之后心中便会产生一种自卑感，在做某件事情失败之后会觉得自己没用。当然，也有一些像李静这样的人，为了不让事情出现失误，严格要求自己和他人。

有一些父母对于孩子的态度是含在嘴里怕化了，捧在手里怕摔了，总是持一种过度保护和干涉的态度。他们什么事情都帮孩子做，所有选择都帮孩子做主，比如每天穿什么衣服父母说了算，考大学

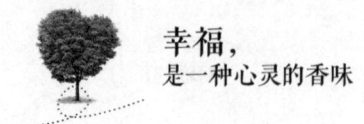
幸福，
是一种心灵的香味

填什么志愿父母说了算，等等。在这种环境下成长的孩子，就会形成如下一种人格特征：对父母或者他人会有依赖感，变得没有主见，在遇到一些事情时往往不知如何处理，对于一些棘手的问题会胆怯甚至选择逃避，缺乏责任感和担当。当然，还有一些人容易走到另一个极端，承担过多的责任，固执，什么事情都希望自己说了算。

我有一个朋友就是这样，母亲在38岁的时候才生下他，不能说是老来得子，但母亲生他的时候年龄的确已经不小。可能就是这个原因，父母非常珍惜爱护他，从出生一直到他大学毕业参加工作，几乎所有事情都是父母替他做，那一段时间他的生活过得也比其他同龄人幸福很多，什么事都不用操心，只要听从父母的安排即可。

他参加工作之后，因为缺乏独立的人格特质，喜欢依赖他人，所以领导不喜欢他，同事也不喜欢他，工作很不如意。

还有一种父母，他们教育孩子的方式非常多变，今天用这种方法，明天听说别人的父母用某方法让孩子考上了清华，于是便改学他们的方法，后天听教育专家说如何如何更有利于孩子的成长，就又更改了自己的方式。如此变幻莫测的教育方式，对孩子的影响就是让他们无法明确父母心中想的到底是什么。随着年龄的增长，他们的人格特质经常会夹杂有焦虑不安、困惑的情绪，而且疑心很重。

通过以上的分析可以看出，一个人的人格特质受父母教育方式、态度的影响很大。了解父母的教育方式及对自己的教育态度，有助于我们深入认识自己当前的人格特质，有哪些优点，有哪些缺点，从而有效地重塑自己的人格特质。

当然，事实已经形成，我们不可能回到小时候去改变父母对我们的教育方式，但是我们可以用"重塑父母"的方法来修炼自己的人格特质，去掉一些不好的东西，加入一些积极的东西。所谓"重塑父母"，就是思考父母给自己造成的一些消极人格特质，并将这些消极人格特征释放出来，用积极的人格特质去填补。

这是一个漫长的修炼过程，不可能一朝一夕就能够重塑一个完美的人格特质。我们最好要每天坚持去做，如同打禅或者做瑜伽，每天给自己一些时间去修炼，这样你的人格特质会越来越完美。

情商的修炼

大多数人觉得，智商是决定一个人能力大小及做事成功率最为重要的因素，很多有能力或成功的人都是由于他们的高智商。其实并非如此，情商才是决定一个人事业是否成功最为重要的因素。

有人说："智商高的人是专家，情商高的人是成功者。"还有人说："智商决定录用，情商决定提升。"没错，智商体现的是一个人的专一力，而情商体现的是一个人的综合平衡能力，比如交际能力、专业能力等，这一点在竞争日益激烈的当下非常重要。哈佛大学心理学家高曼研究发现：一个人情商对工作的影响是智商的两倍，也就是说在工作中情商比智商更为重要，而且职位越高，情商越重要。此外，一些类似于销售、客服、客户经理等的职位，情商的影响力更大。

所谓情商，是指一个人对情绪的自我管理能力，这里的"情绪管理"不仅仅是指对自我情绪的管理，还包括对他人情绪的管理。在情商自我修炼的过程中，我们不仅针对的是自己的情绪，还要针对他人的情绪。

情商的修炼需从以下几个方面进行。

第一，情绪自我认知。

对自我情绪的一个清晰认知实际上是对自我情商的一个系统提

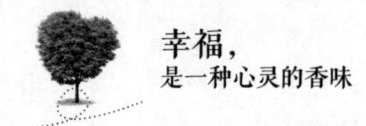

幸福，
是一种心灵的香味

炼，一个高情商的人，他总能够清晰地觉察到自我情绪的变化，而且能够根据当前的环境进行恰当的调整。比如在拜访客户时，遭到客户潜在的嘲讽，高情商的人会迅速觉察到自己即将产生的不良情绪，并有效地控制。低情商的人则无法提前觉察，当然也就无法有效控制自己的情绪。

情绪自我认知是情商修炼的第一步。人的一生会产生很多不同的情绪，爱恨情仇、喜乐悲苦等，但系统整理归纳起来，人的情绪主要有四类，分别是快乐、愤怒、恐惧和悲哀，其他所有的情绪都是在这四种情绪的基础上衍生而来。深入认识这四种情绪，便可对自己的所有情绪有一个深入而清晰的认知。

通常，一个人情绪的产生来自于这样几个方面：

心理环境的作用。在什么样的心理环境下会产生什么样的情绪，比如当你心情好的时候，你看什么都顺眼，反之，当你心情不好的时候，可能很多普通的事物都会让你产生厌恶感。比如当你的股票下跌时，你一天都高兴不起来，连坐公交车都是阴着脸。

爆发性情绪。是指情绪积累到一定程度后的一种爆发，比如暴跳如雷、捶胸顿足、勃然大怒、喜极而泣等。前几天看新闻说某女士考驾照时考了19次才通过，在拿到驾照的那一刻，她失声痛哭。这便是一种爆发性的情绪。

应激情绪。是指一些突发性的情况对个人情绪的影响，比如当你遇到歹徒抢劫时，你会感到害怕，马上处于一种高度紧张的情况下，如肌肉紧张、心率加速、腿脚颤抖、瞠目结舌、脸色苍白、血压上升等。

高情商的人和低情商的人对外界刺激的反应是不同的，低情商的人自我情绪认识深度不够，高情商的人则反之。比如有人骂了你一句，低情商的人想都不想马上会回骂一句，而高情商的人会想对方为什么会骂自己，自己回骂之后会不会引发更大的冲突，从而触犯法律。可以这样说，低情商的人性格直率，高情商的人客观理智。那么，我们该用什么方法认识并提高自己的情商呢？

首先，记录情绪。将自己的情绪记录下来，比如情绪类型，发生的时间、地点、环境、人物、事件等一切影响情绪的因素。然后回顾情绪与这些因素之间的关系，你便会对自己的情绪有新的认识。

其次，沟通认识。可以与朋友、上司或者同事等探讨自己的情绪，俗话说："当局者迷，旁观者清。"通过沟通，可对自己的情绪有一个更加全面的认识。

最后，专业测试。通过与专业人士的沟通或者专业工具的测试，来认识了解自己的情绪，相对于其他方法，这种方法更加科学。

第二，情绪自我控制。

对自我情绪深入认知后，自我情绪控制相对会更加容易操作，需遵循以下流程：

首先，找到情绪产生的原因。找到问题才能高效地解决问题。我有一个同事，她一向为人和善，可有一段时间性情大变，不管在家里还是工作中都很容易变脸，后来她发现，扰乱她情绪的是一个月之后的人事调整工作，她担心自己被调到自己不喜欢的岗位。于是，她开始努力工作，焦虑的情绪渐渐消失了。

其次，了解生理对情绪的影响。加州大学心理学教授罗伯特·塞伊说："我们许多人都仅仅将自己的情绪变化归因于外部发生的事，却忽视了它们很可能也与身体内在的生物节奏有关。我们的饮食、健康水平及精力状况，甚至一天中的不同时段都能影响我们的情绪"。所以，了解生理因素对情绪的影响，有助于我们更好地进行自我情绪控制。

通常，一天中人的生物钟有三个时间段波动明显且最佳，也就

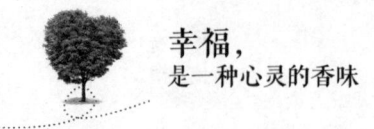
幸福，
是一种心灵的香味

是说最能激发积极的情绪。这三个时间段分别是：9点到10点30分，13点到14点15分，19点到21点。这三个时间段通常是一个人心情和情绪最好的时间，在这些时间段来处理一些重要事情，能够有效提高工作效率。

最后，懂得情绪调节。在情绪不佳时通过自我调节可清除消极的情绪，保持积极的情绪。情绪调节的方法有很多，比如情绪转移法，通过做一些能够让自己集中精力的事情以转移不良情绪；情绪解脱法，通过放大自己的思想和眼光，抛开细枝末节，超越不良情绪；转换引导法，将一些消极的情绪转换成积极的情绪，用乐观的心态去面对，来避免消极情绪的侵蚀；情绪疏导法，与其担忧，不如努力，因为担忧某些事情便会产生一些消极情绪，但当你把所有精力放在努力做好这件事情上的时候，担忧的情绪便会减少甚至消失。与此类似的情绪调节方法还有很多，可根据自身状态适当选择及领悟，总之，调节情绪的目的就是为了消除消极情绪。

第三，情绪自我激励。

所谓情绪自我激励，是指通过对个人心理动机的影响，让自己拥有一种积极的情绪，这也是高情商的一种体现。它有助于我们更加积极热情地面对生活和工作、迎接挑战，是自我情绪管理的一种有效措施。

前面提到过，人的一生会出现很多种不同的情绪，那么，情绪在什么时候需要激励呢？

当你感到情绪跌到最低谷时，是最需要激励的时候，而且你要时刻做好激励的准备，因为人生不如意事常八九，也就是说情绪在最低谷的时候经常会有，通过自我激励，我们便可以走出消极情绪的包围，修炼出高情商。

不管在工作中还是生活中，经常会有挫折失败、信心不足、自

第十章
自我重塑

卑失落的时候，当这些不良情绪出现的时候，如果不能及时地自我激励，你的工作、生活都会受到严重的影响，甚至影响你的一生。

有这样一个故事，一头牛掉在了一个深坑里，主人想了各种办法也无法将其救上来，最后只能无奈地将这头牛埋掉。就在主人往坑里填土的过程中，发现这头牛离自己越来越近了。

他揉了揉眼睛，的确是越来越近了，于是他又往坑里扔了一些土，仔细一看，发现牛正在踩着他扔下的土往上走。就这样，主人不断地往里面填土，牛不断地往上走，最后，它获救了。

生活中我们会遇到很多不如意的事情，挫折失败或许会接踵而至，这个时候我们需要的就是故事中这头牛的坚强和智慧，把那些消极因素全部踩在脚下，作为自己成功道路上的基石，这便是自我激励的方法。

第四，情绪他人认知。

认知他人情绪可提升自己的情商，因为情商最主要的体现方式是人际交往，通过对他人情绪的认知，选择正确的交际方式，便可达到最佳的交际效果。

俗话说："想要知道，打个颠倒。"首先，我们需要站在他人的角度分析对方的情绪，观察对方细微的内心需求，将心比心，综合分析，最终用最恰当的方式与其沟通，从而达到最好的效果。

我有一个很好的朋友，我非常喜欢她，事实上很多人对她都有好感。应该是在5年前，那时候我还相对比较内向，很多事情都会压抑在心中。一次我遇到了一件很不开心的事情，工作中出现了一些问题，情绪很差。正好这位朋友知道事情的大致情况，她给我打电话说要一起喝茶，我就去了。

在喝茶的过程中，她对我遇到的这件事情做了客观细致的分析，而且头头是道，句句说在我的心坎上。喝完茶后，我的情绪马上好

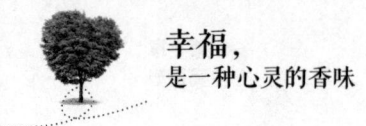

了很多，人也马上轻松了很多。

事后想想，这可能就是她情商高，招人喜爱的原因吧。

第五，情绪人际管理。

情绪人际管理是对他人情绪管理的一种方法，也是体现个人情商的一种方式，一个人的领导管理能力、人际关系协调能力都与这项技能有直接的关系。充分掌握这项技能，就能管控好他人的情绪，提升自己的情商，让自己在与他人交往的过程中，更具有说服力、影响力和协调力。

在我们的生活和工作中，时不时地会遇到一些智商高情商又很高的人，他们既能够把事情做得很好，还能够将人际关系处理得恰如其分，是人们眼中"羡慕嫉妒恨"的主要对象。这类人就是具有较强情绪人际管理能力的人。

这五个方面的情商修炼是一个渐进的过程，做好前面的几步，我们才能更好地去做后面的几步，个人情商才能得到最好的修炼，达到自我重塑的目的。

做你自己的心理医生

心理问题每个人都会有，区别只是有的人多有的人少，遇到的问题各不相同而已。心理问题会导致一些消极的行为及观念。一些优秀的人，他们的行为及观念之所以优秀，不是因为他们没有心理问题，而是因为他们懂得修复心理问题，是自己的心理医生。

有这样一则报道，李某，男，22岁，2014年6月份到某市的一个工厂打工，认识了同在工厂打工的张某，两人一见如故，又因为在同一个屋子住，所以关系非常好，几乎形影不离，一起吃饭，一

第十章
自我重塑

起看电影，一起喝酒等。

有一天，两人闹了一点小矛盾，随后便很快和好，一起去火锅店吃饭。李某酒量有限，喝了几杯之后便感觉头昏脑涨，而张某酒量不错，虽然两人喝的一样多，但依然清醒。就这样，两人喝完酒一起回到宿舍倒头便睡。

第二天清醒之后，李某想起电影中的一些情节，两人因为有过节，对方便在酒杯里下毒企图谋害另一方，想想自己头昏脑涨的状态，是不是张某给自己下毒了呢？况且自己和张某吃饭之前就有矛盾。李某越想越像是真的，而且疑心越来越强，最后他坚持认为是张某在自己的酒杯里下了毒，想害自己。于是，李某决定先下手为强，在外边买了一把水果刀，下班后藏在宿舍门口，当张某进门之后，李某便疯狂地在张某身上连刺8刀，最终张某因失血过多而死亡。

李某被公安机关抓获之后，经过警方调查取证，张某并没有在李某的酒杯里下毒，也没有谋害李某的任何行为。

表面上看这是一个非常可笑的事情，一个人怎么会因为怀疑而杀害他人呢！而看似可笑且不可能发生的事情却在现实中发生了，原因就是因为猜疑。猜疑是一种心理问题，也是人性的弱点之一，在现实生活中，经常会发生一些因为猜疑而不愉快的事情。比如夫妻间因为猜疑，最终离异；朋友间因为猜疑，反目成仇，甚至大打出手。

显然，这是一种很可怕的心理问题，那么，我们该如何做好自己的心理医生，解决这个问题呢？

首先，明白猜疑产生的根源。疑心重的人通常很敏感，发现一些征兆便陷入冲动的情绪中，然后胡思乱想。因此，当猜疑的念头萌生时，应当立即寻找这个念头产生的原因，提醒自己不要想太多，

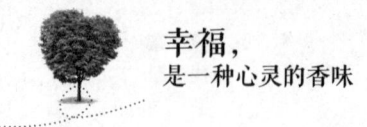

要一分为二地看待猜疑的对象，在没有客观证据证明自己的猜疑时，要立即停止猜疑。

其次，对猜疑产生的根源有了充分了解之后，我们不妨打开心中的"窗帘"，消除心中过度的猜疑。可以试着去证实一些东西，比如当你被人误会时，如果你有勇气、有诚意的话，最好能同怀疑你的人开诚布公地交谈，以便弄清楚究竟自己是为什么被人误解了，不要因为无故的猜疑而做出一些害人害己的行为。

猜疑只是人类心理问题中很小的一部分，也是自我重塑过程中一个很小的阻碍。除了猜疑，还有很多心理问题需要我们用同样的方法去面对、解决。

比如奢侈心理。有些人挣多少花多少，消费不懂得节制，导致生活时刻面临着险境，一旦出现突发情况急需用钱的时候，自己便无可奈何。与其相对应的是吝啬心理，不该舍的不舍，应该舍的也不舍，导致失去了很多机会，也失去了很多朋友。

在一些年轻人身上，攀比心理和悲观心理也无处不在，看到别人拥有的，哪怕是倾家荡产或卖肾也要得到，其实，如果你懂得欣赏你现在拥有的，你会感到无比幸福；悲观心理是影响一个人前进的最大障碍，受到一点伤害或者挫折就认为与成功无望，与机会无缘，其实，如果你能够微笑面对自认为不如意的一切，任何问题都不是问题，任何困难都不是困难。

此外，暴躁心理、忧郁心理、空虚心理、压抑心理、虚荣心理、嫉妒心理、自私心理、胆怯心理、仇恨心理、逃避心理等，都是影响我们自我重塑的主要心理障碍。而每个人只要掌握一定的技巧和方法，都可以做自己的心理医生，将这些障碍一一清除，重塑一个优秀的自己。

第十章 自我重塑

感悟宁静的力量

回想一下,你有没有一个人在夜深人静的时候思考一些问题呢?如果没有,尝试这样做一次,看看你会有什么感受。

以我个人的感受,当一个人在宁静的环境中思考一些问题的时候,心中会产生一股巨大的力量,这种力量可以解决自身一切问题,你会感到你就是上帝,你就是神,任何问题都只不过是过眼云烟。当然,这需要你正确地去感悟。

中国有句俗话叫"以静制动",意思是说不管外界如何变化,我们都可以用"静"来对付。深入分析解读,你会发现这四个字非常有力量。在当今这个变幻莫测的世界,到处车水马龙,机器轰鸣,很难找到一个宁静的环境,但是我们可以拥有一颗宁静的心灵,创造一个属于自己的宁静世界。

有一个业务员,在与客户接触的过程中出现了一些问题,客户不愿意再继续洽谈下去。为此,他找到了自己的主管,将这件事情报告给了他,主管急躁地说:"这么重要的客户你怎么搞的,现在弄成这个样子,你让我怎么办?"主管只是发了一通牢骚,没有给出任何解决问题的方法。无奈,业务员心想:"主管这么生气,我也不敢再问该如何处理,但客户不能就这样轻易地丢了啊,不如找经理询问一下处理方法。"

于是,他找到了主管的领导业务经理,业务经理听了业务员的陈述之后,心平气和地指出其不该越级反映工作情况的做法,然后对客户进行了客观的分析,提出了两套解决方案,并告诉业务员与这类客户沟通时的要点。

就这样,业务员按照业务经理教他的方法与客户进行了沟通,最终搞定了这位客户。

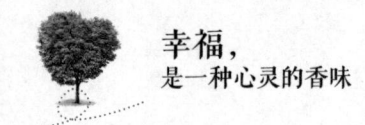

幸福，
是一种心灵的香味

显然，同样一件事情，心平气和地面对和急躁地面对，结果是完全不同的。心平气和地处理一件事情时，他的心灵是宁静的，能够客观地进行分析，从而会找到最合适的方法来解决问题。相反，急躁心理会让自己的心灵变得翻江倒海，使自己乱了方寸，很难找到解决问题的方法，即使找到也不是最好的。

有人可能会问：心平气和地处理一些事情会不会造成拖延？很多人虽然不能心平气和地处理事情，但做事效率非常高。这里我们需要明白，心平气和的目的是平静地去面对一些事情，与拖延并没有太大的关系，相反，用宁静的心理处理一些事情，有助于事情得到正确的处理，还可以提高效率。比如在改正一些错误时，除了耐心和细心之外，还需要心平气和地去面对，而心平气和的状态来自于心灵的宁静。

宁静的心灵有助于我们看清事情的本质，正确高效地解决问题。如同一杯浑浊的水，你根本看不到里面具体有什么，放置几分钟之后，才能清晰地看到里面的东西。当然，感悟宁静的力量并不是要求我们打坐，在压力递增的当下，大多数人也没有时间用打坐的方式来感悟宁静。所以，在工作之余，我们可以找一个安静的环境，思考一会儿自己的生活，或者需要面对的事情，反省一下自己的人生，也会感受到宁静的力量。

有这样一个故事，我特别喜欢，也经常会讲给我的学生们听。有一户农家在院子里打小麦，父亲、母亲、大儿子、小儿子、大儿子的媳妇都在参与。干着干着大儿子有些累了，挥手擦汗时手一甩，手表飞了出去，正好掉在了麦垛里面。这个麦垛有两人那么高，直径3米左右，全家人找了半天也没有找到，眼看天黑了下来，父亲说："别找了，天黑看不见，先去吃饭，明天我们再找吧。"

于是，一家人就去吃饭了。过了一会儿，大儿子5岁的儿子拿着手表跑了过来，高兴地说："爷爷你看，我找到爸爸的手表了。"

爷爷看着孙子惊讶地问："我们这么多人都没找到，你是怎么找到的呢？"

孙子说："爷爷，你们一起找乱哄哄的，声音太大，你们走了之后我一个人坐在那里，听见了手表滴滴答答的声音，顺着这个声音我就找到了。"

故事虽然简单，但却充分说明了一个道理，宁静可以产生一种力量。在当下，我们有太多太多的知识需要学习，有太多太多的技巧需要掌握，有太多太多的问题需要解决，似乎我们根本没有宁静的机会，而正是如此，使我们丧失了心灵的力量。《菜根谭》里有一句话："性躁心粗者一事无成，心平气和者百福自集。"讲的就是宁静所产生的力量。

不管生活多烦，工作多忙，试着去感悟一下心灵的宁静，这不是在浪费时间，而是用另一种方法解决问题，为心灵注入力量。

第十一章

觉醒的呼唤

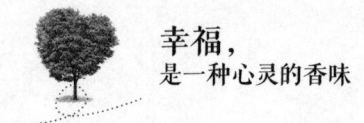

幸福，
是一种心灵的香味

唤醒自己

佛家有句话是："苦海无边，回头是岸。"之前我对它的理解是不要再继续做错事，回头做正确的事情才是正道。之后随着对人类心灵的进一步研究，领悟到"苦海"并不是我们大多数人简单理解的错事，其中具有更深层次的意义。

一个人从出生的那一天开始，便进入了苦海当中，也就是说生活就是苦海。当你听到这种说法的时候，心中可能会愤愤不平："胡说八道，人生是一个美好幸福的过程，怎么会是苦海呢？况且我现在感到很幸福，感受不到任何的痛苦，怎么可以说是苦海呢？"其实，当你心中愤愤不平，驳斥我的观点的时候，你已经掉入到了苦海当中，你对我的抱怨，对我的愤愤不平，就是一种痛苦。

很多人并不承认自己在苦海当中，但是你必须承认，你一直在追求更加幸福的生活，你积极努力地工作，加班加点地工作，目的就是为了让以后的生活过得比现在更好一些，更幸福一些。如果是这样，你就应该承认你现在的生活并不如你想象的那样幸福，也就是说，你一直在努力脱离苦海。

大多数人都处于这样一种痴迷状态，每天努力坚持追求着自己想要的幸福，承受着因为得不到自己想要的幸福而带来的痛苦。当然，有一部分人在追求幸福的过程中表现出的是快乐享受，但这只是一种表面现象，在他的内心深处，依然有一种痛苦在折磨着他。

第十一章
觉醒的呼唤

那么，我们该如何唤醒处在痛苦中的自己呢？最好的方法就是直面生活中的所有痛苦，不要试图去躲避。去碰触痛苦，深入感受了解痛苦，寻找痛苦外衣后面的东西。当你真正了解认识到痛苦之后，你的意识会变得更加宽广，当然，真正的自己才会被唤醒。

你去郊游，不小心崴了脚，感受到异常疼痛的时候，不要试着去抗拒，勇敢地去感受这种疼痛，当然，你一定要集中精力去感受，这样你就不会感到那么疼痛，疼痛就会变成一种状态，这就是觉醒。

你在心灵遭遇打击，比如爱情失败时，不要试图用酒精去麻醉自己，也不要用其他极端行为来折磨自己，转移心灵受到的伤害。勇敢地去面对，认真深入地思考这个问题，将眼光放远一点，你便不会感受到爱情失败对心灵的折磨，它同样也会成为一种状态，这也是觉醒。

当你工作失误的时候，你会感到强烈的挫败感，这是一种痛苦的表现，这时试着不要去躲避它，主动去理解、了解它，你会发现其实并没有你想象的那样痛苦，相反，在理解认识中你会走出痛苦。这还是觉醒。

总之，不管在生活中还是工作中，当每一次痛苦来临的时候，不要下意识地去躲避或推开它，实际上，你推的力量越大，阻力就会越大，痛苦就会越明显越长久。记得年轻时每次遇到一些不开心的事情时，我就会主动地去忘记，然而，我越是积极努力地去忘记，这种不开心的事情在我脑海中的印象就越深，我就会越感到痛苦。后来我不再管它，任由它而去，以后我便很少再记起那些痛苦的事情了。当我们主动阻隔痛苦的时候，是一种逃避痛苦的状态，而当你客观去面对、深入了解的时候，是一种觉醒的开始。

当然，我们第一次勇敢面对痛苦的时候会比较难，也许会让你更加痛苦，但经过多次的锻炼，寻找到真正的自己后，你就会在痛

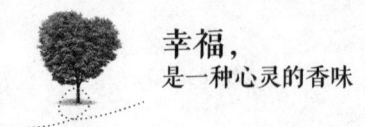

苦来临之前提前觉察到它，而且每一次觉察都是心灵的升华。

唤醒后的自己，心灵会越来越宽广，包容痛苦的能力会越来越强。尽管我们在生活中时常遇到一些痛苦，但我们也会在痛苦中吸收越来越多的能量，心灵会不断地被强化。而没有被唤醒的人，心灵是狭窄的，他会被痛苦所包围、折磨，意识里只有痛苦，而且可能终生要与痛苦斗争下去。"苦海无涯，回头是岸。"生活处处是痛苦，唤醒自己便是心灵的彼岸。

心神合一

心神合一，指的是一种心灵的状态，在任何情况下都能够达到心态平和、心平气和的状态。这是心灵的最高境界，也是让自己觉醒的特征之一。

了解了心神合一的具体含义，我们就要想办法让自己达到心神合一的状态，影响心神合一的最主要因素便是注意力，注意力强的人能够有效地完成心神的统一。大脑对事物进行认知、记忆、思维等活动的基本条件便是注意力，如果没有注意力，你对事物就可能只是一知半解，更谈不上心神合一了。注意力是心灵的门户，门开得越大，我们的注意力就会越集中，心神合一的效果就会越好，而一旦注意力之门关闭，我们心灵的门也就随之被关闭，当然也就没有了心神合一之说。

要达到心神合一，我们可通过两个阶段进行训练。

第一阶段。法国生物学家乔治·居维叶说："天才，首先是注意力。"事实上，天才之所以会成为天才，从另一个角度讲是他们达到了心神合一，能够像疯子一样专一地去研究某些东西。也就是说，

第十一章
觉醒的呼唤

心神合一的状态能够让我们的心理活动专一地向某一事物靠近，并有选择地接受信息，抑制一些影响目标的信息。在第一阶段，我们需要从以下几个方面开始修炼：

第一，养成良好的睡眠习惯。睡眠不好，人的精神状态就不好，甚至会感到疲惫，心神就很难达到合一。为此，无论工作再忙，如果你想高效率高质量地完成工作，除了必要的加班之外，最重要的是保证充足的睡眠，作息时间最好规律。否则你今晚开夜车，明天就可能趴在办公桌前或者躺在医院，得不偿失，更不用说达到心神合一的心灵境界了。

第二，懂得减压。当一个人被压力压得喘不过气或者心烦意乱的时候，心就会乱掉，神自然也就消失。所以，当你面对一些压力时，要学会去释放它，避免它干扰你心神合一的专一性。每个人都或多或少会有压力，而那些心态良好的人，在工作中领导虽然也会给予他们压力，但他们能够将压力化解为动力，用一种高效的工作状态替代了压力，从而达到一种心神合一的状态，所以工作效率及收获会多很多。

第三，学会放松训练。经常进行放松训练，一方面可以放松自己的身体，让身体达到一种轻松自在的状态，另一方面可以放松自己的心态，对缓解压力也有一定的好处。比如找一个自己感到舒服的姿势坐在椅子上或者躺在床上，然后向身体的各个部位传递休息的信息，让身体的各个部位都松弛下来。当然，刚开始训练的时候效果可能没有那么好，见效较慢，但随着训练的延续，你就会很快达到轻松、平静的状态。

第四，集中注意力训练。集中注意力不是说你想集中就能够集中，需要通过一定的训练之后才能快速高效地达到最好的效果。狙击手在训练注意力的时候会采取这样一种方法，在距自己一定距离

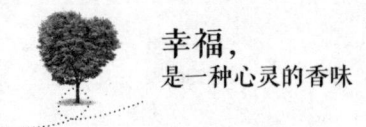

的地方用细线绑一个活苍蝇，然后目不转睛地观察它的一举一动，并时刻判断它将向哪一个方向飞动，久而久之，当狙击手面对目标的时候，注意力就会集中起来。当然，对于我们普通人来说，不需要用这样严苛的方法来训练，我们可以找一些能够让自己专注的事情来训练。

第二阶段。这一阶段是对心神合一的提升阶段，结合第一阶段的成果，主要是从心理角度进行训练，从而达到真正的心神合一。具体有以下几种方法：

第一，巧用目标的力量。回想一下你有没有这样的经历，当领导交给你一份非常难做的工作，并限定你在下班之前必须完成时，你是不是会在极短的时间内集中精力呢？我相信你一定会的。所以，我们可以每天给自己设定一个目标，并要求在今天之内必须完成，当有了这样一个目标时，你的心神就会高度集中。当然，刚开始训练的时候心神合一的时间并不会那样长，但随着训练的继续，不但心神合一的时间会加长，而且会在很短的时间内进入这种状态。

第二，培养心神合一的兴趣。培养一个兴趣最好的方式是利用另一个兴趣来带动，比如你喜欢打篮球，可以用打篮球的兴趣来培养心神合一的兴趣；比如你喜欢军事，可以用军事兴趣来培养心神合一的兴趣。一个优秀的军事家，能够迅速集结兵力在一个点上歼灭敌人，这样的军人是军事天才，同样也是心神合一的人。所以，我们可以从自己感兴趣的事情入手，来培养心神合一的兴趣。

第三，对心神合一有信心。不要认为只有那些科学家、天才才能真正做到心神合一，我们普通人无法办到，其实每个人都可以达到心神合一的状态，关键在于我们后期的修炼。那些获得成就的成功人士，他们刚开始可能和我们一样，并不能心神合一地去做一件

第十一章
觉醒的呼唤

事情，但后来他们成功了，这说明心神合一是可以通过后天的训练达到的。

生命就是觉醒的过程

一次与朋友聊天时，他们谈到心灵以及各自的信仰，他们见仁见智，各抒己见，阐述着对人性以及心灵的观点。当然，我并没有参与到其中，只是作为一个旁观者。我没有参与到这样的聊天当中，不是因为我清高，也不是因为我无知，而是因为我觉得应该通过他们的观点思考一个课题——生命与觉醒的关系。

聊天结束回到房间，我开始深入思考。其实，世界上没有一个人真正地觉醒，每个人都只是在觉醒的路上。一个人的生命或长或短，或华丽或平凡，但不管怎样，在生命过程中我们每个人都是在慢慢地觉醒，认识生命的意义、活着的价值、了解人性，等等。

也许，当我们离开这个世界的那一天依然还不能够深入认识人生某些东西的意义和价值，这是一种正常现象，因为生命就是一个觉醒的过程。

我年轻的时候，曾认识一位非常优秀的心灵导师，跟着他学习身心修炼方面的知识。那时候我一边工作一边跟着导师学习，目的很简单，就是让自己的身心更加健康。在学习的过程中，我知道了很多东西，明白了心灵对人体健康的重要性，理解了心理对行为的作用，等等。

多年之后，我的这位导师去世，临终前我来到他的病床边上，他语重心长地对我说："小武，我这辈子看透了很多东西，虽然被他们（业内人士）称为心灵导师，但还是有一些东西没有领悟。记住，

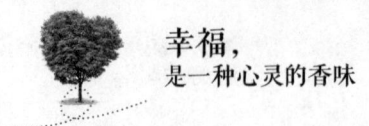

幸福，
是一种心灵的香味

人的一生是一个觉醒的过程，觉醒的程度关键在于你对生命的重视程度。"

导师的这句话让我铭记在心，永远也不敢忘记。之前我觉得心灵修炼达到一定程度就可以了，不用再继续往下学了，认为那样足可以让自己的心灵健康。自从导师去世之后我才明白，心灵修炼与生命是一体的，生命有多长心灵修炼的过程就应该有多长，它不是一个阶段性的工作，而是一个长期的旅程。因为从心灵的角度讲，一个人是否觉醒没有具体的标准，如同一个人有多少钱才会成为有钱人，没有具体的标准来衡量。我们对心灵的认识越是深入，觉醒的程度就会越高，如同你越有钱就会越接近有钱人一样，没有顶端，只有成长与壮大。

有些人认为，自己是一个平凡人，进行心灵修炼就是要让自己变成一个不平凡的人，如同历史上被我们尊称为"圣人"的人。事实上，那些被我们尊称为"圣人"的人也是普通人，"圣人"只是我们给他们的一个代号而已。觉醒的过程不是一个将凡人便成圣人的过程，而是将我们特殊人变成普通人的过程。

我们每一个人都是不同的，性格、爱好、秉性等，这就是所谓的特殊人。而当我们的心灵达到一定高度，觉醒的程度越来越高的时候，我们的思想、观念就会达到相对的统一，比如爱心、公德心、个人素养、信仰等，这就是所谓的普通人。这时我们会发现，心灵觉醒的目的与社会发展需求导向惊人地相似，这就是我们为什么要进行觉醒修炼的原因之一。

痛苦是生活中经常会遇到的一种状态，有人认为觉醒的目的是为了抛弃痛苦，拥抱幸福。错！觉醒的目的不是为了让我们与痛苦斗争，而是客观、热情地去拥抱和认识痛苦，当你达到一定觉醒程度的时候，不是没有了痛苦，而是达到了一种面对痛苦的高意识状态。

总之，觉醒是为了让我们的心灵更加健康，生活更加美好。当你遇到困难时，你便拼命抱怨；当你身处痛苦时，你便拼命抵抗，这不是一个觉醒的状态。觉醒的人会客观、理智、积极地去面对生活中的一切幸与不幸。

觉醒的 9 个要素

觉醒是一个人心灵修炼的主要过程，觉醒程度越高的人心灵越健康，越受大众的欢迎，生活越幸福，工作效率越高。那么，我们该如何让自己觉醒呢？

第一，有光有爱。让心里永远有爱的存在，比如对爱人的爱，对父母的爱，对孩子的爱，对大众的爱，对社会的爱以及对环境的爱。当你用你的爱心去爱这一切的时候，恐惧和担忧会显得异常弱小，也就不会影响到你心灵的健康。放下功利心，看看周围最能吸引你的人，他们无不心中充满了爱心，你会发现他们的心中始终是光明的，和他们在一起，你会感受到真正的快乐，这也是他们最吸引我们的地方。

第二，有宽广的眼光。一个有长远眼光的人，他能尽可能准确地洞察一切即将发生的事情，能够提前做好迎接各种挑战的准备。在人际交往中，他能够以一种宽广的态度去面对。如果我们始终能够保持这样一种眼光，对自身的觉醒将有很大的好处。

第三，有付出有分享。我们的身边总会有这样一类人，他们很吝啬，或者很懒惰，因此，他们总是不愿付出和分享，心胸自然也狭窄了很多，变得斤斤计较，失去了该有的气场，严重地影响了心

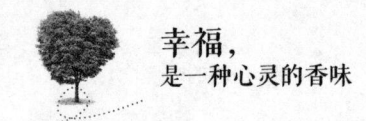

幸福，
是一种心灵的香味

灵的健康以及自身的觉醒。其实，懂得付出和分享的人是最有智慧的人，因为这样可以让自己觉醒，更有智慧。

第四，有一颗谦卑的心。有这样一类人很是让我们讨厌，高傲不可一世，天下唯我独尊，觉得自己是世界上最优秀的人。这样的人不仅让我们讨厌，对他自己来说也是有百害而无一利，因为不懂得谦卑，使他们的心灵扭曲，不管在生活还是工作中都处于劣势。当然，最为重要的是觉醒的高度始终无法提升。

第五，积极乐观的心态。和积极的人一起共事我们会很开心，动力十足，信心百倍，而与消极的人一起共事，不但会影响自己的心情，而且还会影响做事的信心。积极乐观的人看到更多的是正面的东西，这会引导他的心灵向正面的方向发展延伸，而此消彼长，此时影响觉醒的负面情绪自然会减弱甚至消失。

第六，保持客观的心态。时刻保持客观的心态来看待事物，才能不被情绪牵着走。有一些人总是带着情绪或者用有色眼镜看事物，这导致他看到的东西并不真实，或者容易冲动乃至做出错误的选择。在这种状态下，个人的觉醒就会出现差错。因此，理智客观地看待一切事物，才有利于我们的觉醒。

第七，活在当下。活在当下是一种生活方式，更是一种觉醒的理念。当你真正活在当下的时候，你才能准确地把握一些东西，不会因为好高骛远而虚度年华，不会因为杞人忧天而浪费精力。

第八，具有创新意识。创新是人类进步的源泉，更是认识、挖掘新事物的重要方式。觉醒是一个寻找更完美自己的过程，也是改变自己的过程。我们并不知道这种完美是什么样子，改变之后会变得如何也不得而知。但我们不能因为害怕而不去改变，不去挖掘自己心灵深处的力量，否则我们就停止了觉醒的脚步。

第九，知因果。任何事情，有因就有果，你种下一颗种子，第

第十一章
觉醒的呼唤

二年就会发芽；你不给树浇水，树就有可能被旱死。由于你前面的因，所以会产生后面的果。世间万物，因果轮回，小到身边的小事，大到整个宇宙，遵循的都是这个法则。明白这个道理，拥有这种观念，我们对万事万物就会了然，有利于觉醒的修炼。